JN145095

生きる職場

小さなエビ工場の人を縛らない働き方

武藤北斗
MUTO HOKUTO

イースト・プレス

はじめに

好きな日に働き、好きな日に休む。好きなことを優先させ、嫌いなことはやらない。そんな会社があると聞いたらどう感じるでしょうか。

「社会人としてそれはおかしい」とか、「そんなことをしたら会社が成り立つはずがない」といった感想を持つ人もいるでしょう。

実際、かつての僕もそう考えていました。

でも、もしその働き方の先にこそ、会社にとって重要とされる効率や、業績向上のための鍵があるとしたらどうでしょうか。

僕たちは、そこにあるものこそが、これからの社会に必要なものであると、この数年の取り組みの中で強く実感しています。

これは、「縛り」「疑い」「争う」ことに抗い始めた小さなエビ工場の、新しい働き方への挑戦の記録です。

２０１１年3月11日。東日本大震災で被災したことがきっかけで、僕は生きることをシンプルに見つめるようになりました。そして、人を縛り、管理し、競い合わせる、今の会社や社会のあり方が、果たして正しいのかという疑問を持つようになりました。

そんな疑問をもとに、まずは自分の足元からと、従業員が「とにかく働きやすい職場にする」という理念のもとにある働き方を実践したところ、従業員は自らの生活を大事にしながら生き生きと働き、結果として商品の品質や生産効率までが上がり、二重債務で倒産の危機に苦しむ会社を助けていく結果となりました。

もちろん、まだ倒産の危機から完全に脱したわけではありませんが、この働き方がなければ、会社を継続することはできませんでした。

現代の社会が経営の常識として行っている管理型の働き方から偶然にも飛び出してしまった僕たちの働き方は、新聞やテレビなど、さまざまなメディアに頻繁に取り上げられることになりました。たった十名ほどの小さな工場に起こったこの事態に、僕たち自身も戸惑っているというのが正直なところです。

一方で僕たちのこの働き方や考え方が、もしほかの会社で応用されたら、もっと幸せに働いて生きていける人が増えるのではないかと期待しています。

そして、その輪がさらに広がれば、大げさかもしれませんが、世界が今より少しだけよい方向に変わるんじゃないかと感じています。しかも、やっていることはそんなに難しいことではありません。ちょっとしたポイントを押さえて働き方を変えるだけなのですから。


僕は「パプアニューギニア海産」というエビ加工会社の工場長として、創業者である父とともに、この会社を経営しています。会社は大阪府茨木市の卸売市場内にあり、従業員数はパート従業員と社員を合わせても十一名の小さな会社です。冷凍の天然エビを原料に、むきエビやエビフライなどのお惣菜を作っています。

以前は会社が宮城県石巻市にありましたが、東日本大震災による津波で全壊、その直後に起こった福島第一原発事故の影響を考慮して大阪に移住。それに伴い会社も移転しました。

被災指定地を離れた会社には、国からの援助が一切ありません。大阪で新たに銀行から借り入れをして、二重債務総額1億4000万円から再起を図ることになりました。

東日本大震災を通して生きることや働くことを見つめ直した僕が、会社で実行したのは「好きな日に働き、休みたい日に休む。連絡も一切いらない」「嫌いな作業はやらなくてよい」など、これまでの働き方の常識とは大きくかけ離れたものでした。

この働き方に変えて約四年が経過し、今はこれこそが人が人らしく働き、生きていくうえで、また、会社が再起するうえで不可欠な働き方であると確信しています。

そして、社会が抱える働くことへの様々な問題を解決する方法にさえなり得ると感じているのです。

こういう言い方をすると、僕が、まるでファンタジーのような、笑顔溢れる夢いっぱいの働き方を提案するのだと誤解をされる方もいるかもしれません。

しかし、僕が提案する働き方はそういうものではありません。がむしゃらに再起を図ろうともがく中で見つけたのは、ただひたすらに働きやすく、自分自身と、自分の生活を大切にするという極めてシンプルなものです。

長時間労働、パワハラなどブラック企業の問題が取りざたされ、多くの人の中に働くことへの閉塞感が蔓延しているように思います。また、ブラック企業とまではいかないまでも、自分の働き方に疑問を感じ、無理をしながら働いている人も多いのではないでしょうか。その中で、これまであった働き方への固定概念をなんとか変えなければという心理が、社会の中に作用しているように感じます。

戦後の復興、高度経済成長の中では、これまでの働き方の常識は有効だったのかもしれません。しかし時代は変わりました。物や情報が溢れ、ライフスタイルが変わった今の社会では、人の心を無視して経済だけを中心にした考えでは、多くの人たちが幸せを掴むことができないのです。

僕たちの働き方は常識外れに見えることが多いかもしれません。しかし、もしその常識外れの働き方の先に、働く人の幸せと、会社としての効率が両立しているとしたらどうでしょうか。


僕たちの工場ではそういう働き方を実践し、証明したいと思っています。

この本の題名を『生きる職場』としました。僕は様々な意味を込めてこの「生きる」という言葉を使っています。

一人でも多くの人が幸せに生きるための職場が増えることを願いながら、この本を書かせていただきました。働いている人も、働いていない人も、人として今生きている全ての人にかかわる本になったらと思っています。

生きる職場　目次

第二章　僕らを突き動かしたもの

第三章　人を縛らない職場ができるまで

第四章
エビと世界の意外な関係

第五章
『生きる職場』の作り方

生きる職場

小さなエビ工場の
人を縛らない働き方

武藤北斗

装　画　狩集広洋
ブックデザイン　原田恵都子（Harada+Harada）
編集協力　岩崎眞美子

第一章

人を縛らない職場は なにを生んだか

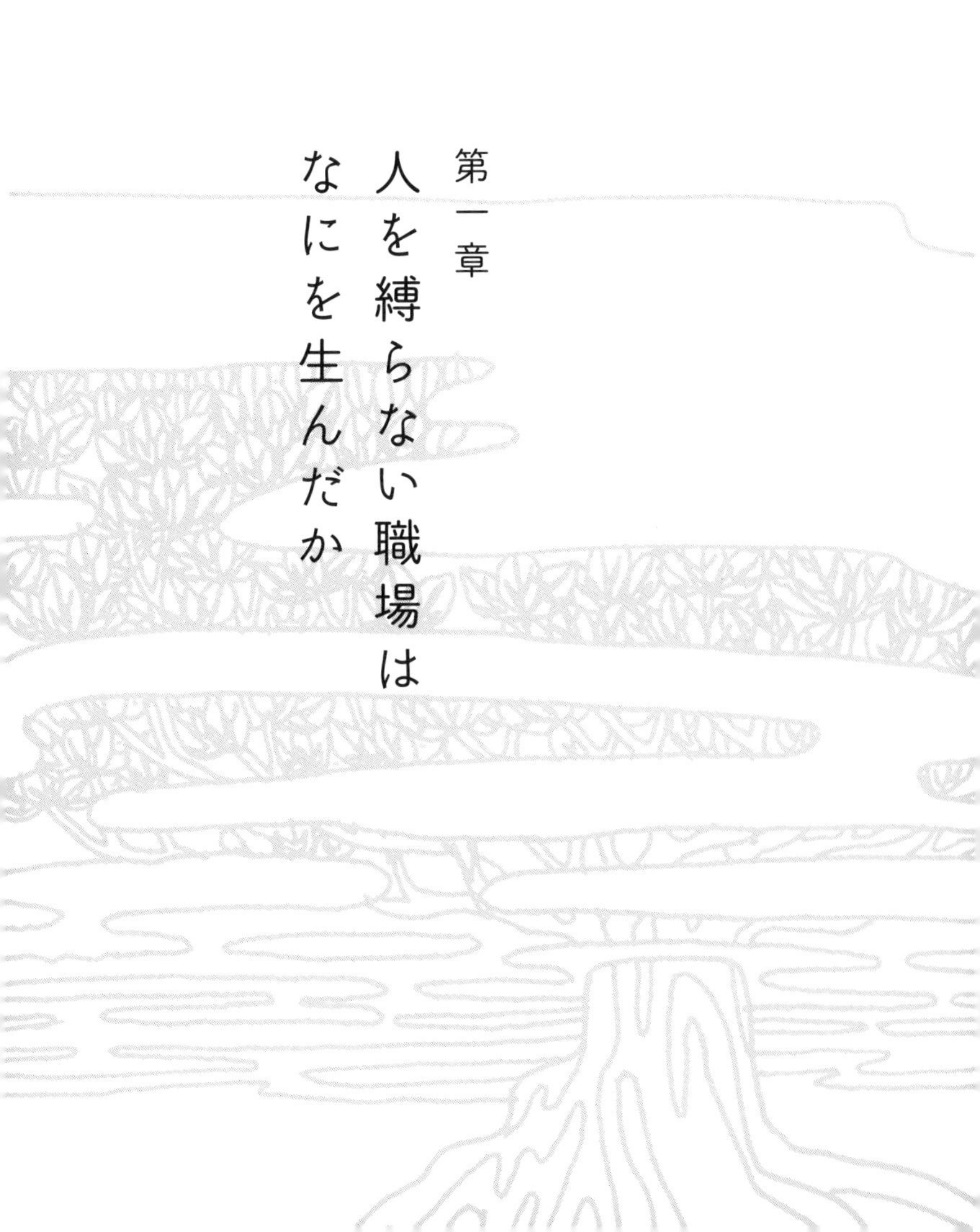

ある日の風景

朝8時10分、工場長の僕は一足先に出勤し、工場二階にある事務所でメールのチェックをします。

ほぼ同じ時刻に出勤するのは社員の岡村君。朝の挨拶を交わすと、すぐに今日使う原料を取りに市場内の冷凍庫へ向かいます。

8時30分、一人目のパートさんが出勤してきました。

事務所と同じ階にある休憩室で白い作業着を羽織り、急いで事務所へやってきます。「おはようございます！」と元気のよい挨拶とともにタイムカードを押し、そのまま工場へ。社会保険に加入している彼女が最初に出勤する日が多いですが、いつも彼女が一番というわけでもありません。

真っ暗な工場に電気を点け、ラジオをいつものＦＭ80・2にチューニング。

そのまま彼女は、一人黙々と作業の用意を始めます。僕らの工場には朝礼も点呼もありません。

9時00分、もう一人パートさんが出勤してきました。

今日は雨のせいか、いつもより出勤人数が少ないようです。

続いて僕と岡村君も工場に入りますが、人数が少ないので作業の量を調節しながら、これから何人出勤するか様子を見ます。

9時30分、いつもはこの時間に出勤する人が多いのですが、今日は誰も来ませんでした。

10時00分、パートさん二人が出勤してきました。

家事が長引いたのか、幼稚園に通うお子さんがぐずったのか、はたまた雨が上がったおかげなのか、今日はみんないつもより少し遅めの出勤にしたようです。

人数が増えたので、ここからは大掛かりな作業を開始します。

12時00分、お昼休憩の時間ですが、一人だけパートさんが工場に残っています。

今日はお昼休憩を取らないようです。

14時00分、「お疲れ様でした！」と先ほど休憩を取らなかったパートさんが退勤し、入れ替わるようにもう一人パートさんが出勤してきました。

うちの工場では、パート従業員がばらばらの時間に出勤してきたり、お昼の休憩を取らなかったり、自分で退勤する時間を決めたりします。はじめてこの風景を見た方は、ちょっと不思議に感じるかもしれません。

しかし、これが僕たちの会社、パプアニューギニア海産の日常なのです。

僕たちの会社は社員二名、パート従業員九名の小さなエビ工場です。エビフライなどを作り、全国のスーパーやレストランに販売しています。働いているパート従業員は子育て真っ最中のママさんで、全員が好きな日、好きな時間に出勤します。そして好きな時間に退勤します。ですから当日欠勤、遅刻、早退、残業といった概念すらありません。

パートさんそれぞれが自分の生活に合った時間に出勤・退勤するのが僕たちの会社では当たり前なのです。そんな自由な働き方では、発言力の強いパート従業員の好き勝手になったり、問題が起きたりするのでは、とときどき言われます。

しかし、パートさんも僕たち社員も、かつてより圧倒的に生き生きと、幸せを感じながら仕事をしていると実感しています。

一人一人が自分の生活を大事に生き生きと働くような職場。

言うなれば『生きる職場』を僕たちは目指しています。

事業を拡大し、大企業を夢見る時期もありました。

でも今は会社の大きさやお金だけでなく、人が働き、生きることの意味を大事に考えるようになりました。

そして皮肉なことに、考えを変えて人の生き方を見据えた先にこそ、会社経営にとって重要な「効率」や「品質」の向上が隠れていることに気づいたのです。

人はみんな違うのに……

昔のことを振り返ると、リーダーシップを発揮して物事を進めることと、人を縛り管理することを混同していた時期があったように思います。

特に会社の経営のことばかりを考え、数字に囚(とら)われていた頃の僕はそうでした。

しかし今は、リーダーは従業員がいかに働きやすく、個々の力を発揮できる職場にするかを考え実行すべきだと思いますし、そこには管理ではなく、少しの秩序があればいいのではと思っています。

人は一人では生きていけませんし、自分にかかわる人たちが幸せになることと、僕自身の幸せが以前よりもずっと近いところにあるように感じています。

そういう考えを持てるようになると、小さなエビ工場の工場長という立場にいる僕にも、できることが、たくさんあるように思えてきたのです。

そんな中で「人を管理する」ということの本質についても考えるようになりました。


こんなふうに書くと、僕が効率を追い求めることは間違っていると言っているように思うかもしれませんが、そうではありません。

仕事において効率は重要なことだと感じています。特にうちのような中小企業では、その重要性はさらに大きなものです。

その一方で、冒頭に書いたような働き方を始めて「人を管理すること」もっと言えば「人を縛るような働き方を従業員に強いること」が本当の意味での効率に繋がっていないのではないかと思うようになったのです。

当たり前ですが人は機械ではありません。人それぞれに好き嫌いや、得手不得手があり、性格や体格、能力にも違いがあります。

大人は子どもにそのことを教えますが、当の大人の世界では、そのことが忘れられがちなように感じます。

さらには、個々の人間の違いを明らかにし、それを尊重するようなことを言えば言うほど、まるで会社に不利益を被る、厄介なことを言う人間と思われるのが、僕らの社会の現実ではないでしょうか。

しかし、「人」に好き嫌いや、得手不得手といった違いがあるとするならば、「物」や「お金」「情報」と同じように「人」を一律に管理するということは可能なのでしょうか。

管理すること全てが誤りだと言うつもりはありません。

ただ、人を管理しすぎることの弊害、もっと言えば人を管理しない、縛らないことの効用を僕は考えてみたいと思っています。

会社という組織の常識に抗う

好きなことをしていたら、いつの間にか時間が経っていたという経験はありませんか。好きなことであれば、何時間続けていても苦にならず、もしなにか問題が起こったとしても、さらによい方法を自分自身で模索し、解決するなんてことも。

僕には子どもが三人いるのですが、彼らが補助輪のない自転車にはじめて乗ったときのことを思い出します。転んでも、転んでも起き上がり、時間を忘れて日が暮れるまで挑戦する。そしていつの間にか、体で自転車に乗ることを覚え、自分の世界を広げていきます。

また、やろうと考えていたことを、他人から強要されて、途端にやる気を失ったというような経験はどうでしょうか。

子どもの頃に、学校で出された宿題に今まさに取り組もうとしたときに、「早く宿題をしなさい」と言われ、途端にそれまでのやる気を失うというようなことはなかったでしょうか。

どちらも瑣末(さまつ)な体験のようですが、この体験が教えてくれることがあります。

それは、好きなことであれば、人は向上心を持ち、力を発揮する——

そして、人が人を管理しようとすると、ちょっとした行き違いでも気力を失ってしまう。逆に個々の自主性を大事にすることで、気持ちが前向きになり、効率や実績が上がる可能性があるのです。

僕らはこれと同じことを自分たちの職場に導入し、実践し始めました。

端的に言えば、働く人が「働きやすい職場」を作るということです。

その方法は大人の世界の、しかも会社という組織の常識に抗う行為とも言えます。

大きなことをやるつもりはないし、一つ一つを丁寧に、失敗すれば元に戻せばいい。そんな気持ちで進めています。

その様子は、傍から見ると、実践というよりも実験に近いのかもしれません。

もっとも、僕もはじめからこのような考えを持っていたわけではありませんでした。かつては従業員を縛り、管理することこそが、会社経営において効率的だと信じていました。このことについては後述したいと思います。

社会人一年目の経験

好きなことで自主性を大事にするという意味では、こんな個人的な体験があります。僕は、大学で金属工学を学び、アルミニウムの接合について卒業論文を書きました。しかし大学で勉強する中で、自分には理系の思考回路は向いておらず、それを一生の仕事にするのはよくないと考え始めていました。

学生時代は数々のアルバイトをしていましたが、高校のときにアルバイトをした築地の魚市場の活気と独特な世界が忘れられず、大学卒業後は、築地の荷受(にうけ)に就職しセリ人を目指すことにしました。僕の進路に、研究室の教授はかなり怒ったようで、卒業するまでろくに話をしてもらえなかったことを憶えています。

銀座からすぐの豊海埠頭にある会社の寮に入り、真夜中に出社する社会人生活が始まりました。築地の仕事はとても忙しく、2時に出勤して14時頃に帰るという生活が続きました。日曜にも翌日到着する魚のための事務作業があり、連休を取れることは滅多にありませんでした。

一年ほど経過した頃には、新入りの僕も担当商品をもらって、生食用の牡蠣とヤマメなどの淡水魚を担当することになりました。自分の商品ができたことがとても嬉しく、上司や先輩に教えてもらいながら、なんとか販売量を増やすために夢中になって働きました。

経験の浅い僕がまずできるのは、周りのどの会社の担当者よりも早く出社し、セリ場に商品を並べることでした。

朝早いお客さんは比較的値段を気にせずにどんどん買ってくれます。

僕はそのとき、同じ商品の中でも鮮度のよい商品を探して渡すようにしていたので、次第にあの新人は一生懸命だし、信頼できると感じてくれる方が増え、売り上げを伸ばしていくことができました。ほかにも、例えば前日に料理番組で牡蠣が紹介されていれば、いつもより二倍三倍の量を仕入れ、勝負に出るようなことも、新人なりに挑戦していました。

そうした中で、仕事に対してのやりがいや、楽しみを感じるようになり、僕は自分から好んでその後も毎日、ほかの担当者より早く出社し続けました。

こうした気持ちになれたのは、なによりも上司や先輩が僕の自主性や、新人なりの考えを受け入れて仕事を任せてくれたことで、やらされているという感覚を持たずに働けたことが大きかったように思います。

仕事をどう捉えるか

ここで誤解しないでいただきたいことがあります。

それは、「仕事とは最初からそこに楽しみがあるわけではない」と僕は考えているということです。日々の仕事は遊びのような感覚で楽しめるものではないと思うのです。

自分なりに努力して、頑張っていく中でやりがいや楽しさを感じることはもちろんありますが、基本的には毎日続けることで、次第に新鮮さも楽しさも薄まっていくと思うのです。

僕の築地での体験も、あくまで結果として、楽しみややりがいを感じることはできましたが、毎日が楽しいわけではなく、冬の早朝、というより夜中に出勤するような日々は想像を絶する厳しさもありました。

ですから、僕は根本的に仕事というものは、楽しみではなく、生きていく手段に近いものだと考えています。

そのうえで、「働きやすい職場」を作るというのは、従業員一人一人が仕事をどのように感じていようと関係なく、会社がひたすらに職場環境や人間関係を整え、誰もが居心地がいい状態を目指すことだと思っています。

しかし、ここで個人の感情を意識しすぎて、楽しい職場や笑いが溢れる職場というものを目指そうとすると、現場が本当に求めているものとは違う方向にいってしまいます。

仕事をそんなふうに考えているのかと、あきれられてしまうかもしれませんが、職場が居心地のよい場所だと感じている人は、意外に少ないのではないかと思っています。

だからこそ、仕事は必ずしも楽しいものではないけれど、そこで居心地よく働けることは大事であり、その結果として楽しみがついてくる可能性はある。

まずはその前提を受け止めることから始めてみました。

好きな日に出勤できる会社

工場で行っている実践のいくつかを紹介しましょう。

はじめに取り入れたのが「フリースケジュール」という制度です。

「フリースケジュール」という言葉は、僕が勝手に名付けたものなので、英語としての意味が正しいのか分かりませんが、パート従業員それぞれのスケジュールを自由にするという意味で「フリースケジュール」と名付けました。

毎週決められた曜日に出勤するという、これまでの会社の常識を変えるところから始めたのです。言葉だけを聞くと、難解な制度のように感じるかもしれませんが、内容はいたってシンプルです。要するに「好きな日に出勤すればよい。連絡の必要はありません」というだけのことなのです。

うちの工場で働いているパート従業員は子育て中のお母さんたちです。ですから、お子さんが突然体調を崩し、やむを得ず当日欠勤するようなことが前からありました。当日欠勤をする場合には、会社に電話連絡を入れることになっていたので、パートさんにとっては大きなストレスや重圧になっていたと思います。

また無理をして会社に出勤している日もあったのか、子どものことが気になって仕事が手につかないというようなことがあったり、保育園や幼稚園から、お迎えを要請する電話が頻繁にかかってきたりするような状態でした。

はじめてパート従業員にこの取り組みについて話をしたときのことを、今でも思い出します。

怪訝(けげん)な表情で頭にクエスチョンマークを浮かべているパートさんたちに

「来たくない日は欠勤してください」

「出勤も欠勤も連絡の必要はありません」

「連絡は必要ないというより、禁止です」

といった具合に言葉を換えて何度も説明しました。

たしかに工場長の言っていることが実現するならば、働きやすいに決まっているけれど、本当にそんなことが可能なのか？　実行したとしても会社は大丈夫なのか？　心配しているような、疑っているようなそんな顔だったように記憶しています。


想像してみてください。自分の職場で同じことを言われたとしたらどう思うか。本当にこの取り組みが実現したら、とても働きやすい会社になるだろうとは思うけれど、きっと無理だと心の中で思っていませんか。当時のパート従業員も同じ気持ちだったと思うのです。しかも、前例のない取り組みでしたから。


２０１７年現在、この働き方を取り入れて約四年が経過しました。今ではこの制度は、うちの会社にとってなくてはならないものになりました。

またこの取り組みのおかげで、様々なメディアに取り上げられることとなり、そのおかげでこうして本まで書くことになったのです。

嫌いな作業をやらない職場

もう一つ、僕たちの工場では、「嫌いな作業はやらなくてよい」というルールを作っています。

工場での主な仕事はエビの加工です。エビの殻をむいたり、串で背ワタを抜いたり、パン粉をつけたりして、むきエビやエビフライを作るといった工程が主となります。そのほかにも、エビを内容量に合わせて計量をする、袋に並べる、真空パック機で包装する、でき上がった商品を箱に詰める、出荷の準備をする、といった工程が続いていきます。主な作業だけでも優に三十項目以上に及びます。

先ほども述べたとおり、人はそれぞれに好き嫌いがあり、得手不得手があります。それは仕事でも同じはずです。

例えば、あるパートさんは、リズムよくエビの殻をむいていくのが好きだけれど、計量する作業は、計算をするのが面倒で嫌い。逆に別のパートさんは、計量で数字を扱うのが好きだけれど、殻をむくのは手が疲れるから嫌いといった具合です。

当然、嫌いな作業を担当することになれば、嫌な気持ちで仕事をすることになりますし、自分が好きな作業をほかの人ばかりがやっていれば、その人に対しての不満が募ります。

ですから、こういった個々の向き不向き、好き嫌いの多様性を仕事の中に取り入れられたら、さらに働きやすい職場が実現できると考えたのです。それが「嫌いな作業はやらなくてよい」というルールです。

結果として職場の雰囲気がよくなるのは必然と言えるでしょう。実際この制度を導入する前と今では工場の雰囲気が全く異なっています。

人を縛らない職場が生んだプラスの循環

働きやすい職場の実現を最優先に考えて導入した「フリースケジュール」と「嫌いな作業はやらなくてよい」という制度。

人によってはこんなめちゃくちゃな働き方が、食べものを扱っている工場で成り立つはずがないと思うかもしれません。しかし、事実パプアニューギニア海産ではそれが成り立っています。また、それによって自分たちの予想を上回る、プラスの循環が生まれているのです。具体的には次のようなものがあげられます。

［離職率の低下］

まず人がやめなくなりました。

フリースケジュールを導入した当初は、工場自体も変革期にあり、私の方針や考え方に合わない人が、残念ながら数人退職しました。

しかし、それ以降はやめていく人がほとんどおらず、今いる九名のパート従業員のうち七名はフリースケジュール導入当初から在籍していたパートさんたちです。

以前はパート従業員を雇っても定着せず、人が入ってはやめるということの繰り返しで、入社して数週間でやめていく人が何人もいるような状況でした。

また、人がやめないので求人広告を出す費用もかからなくなり、さらに、面接などの採用にかかわる仕事に時間を取られるようなこともなくなりました。

以前に、求人広告会社の人に、フリースケジュールの話をしたことがありました。その後も、ときどき営業の連絡がきていたのですが、求人の必要がないため、いつも断っていました。最後の連絡のときに「たしかに、この働き方だったら人がやめないですよね」という感想を漏らしてから、もう二年ほど連絡がきていません。

［商品品質の向上］

人がよくやめていたかつての工場では、やめた従業員の穴を埋めるために、新人のパートさんが常に一人か二人いるような状態でした。

当然ながら新人を育てていく必要が出てきますので、結果として熟練したパート従業員がその役目を負うことになります。そうすると、新人を教えることに時間を取られ、通常の加工業務にも大きな影響が出てきました。また、新人は作業に時間がかかるうえに、慣れるまでの間は質の悪い商品を作ってしまうこともあります。

人の入れ替わりが激しいことが、商品の品質を大きく低下させていたのです。人がやめなくなったことで、そうしたマイナス面がなくなり、さらには熟練したパートさんが作業にかかわる時間が長くなることで、商品の品質が大きく向上しました。

［生産効率の上昇］

導入前とあとで、売り上げ自体は横ばいですが、パート従業員の人数は十三人から九人に減少しています。

これは、熟練したパート従業員が長く職場に定着したことで、一人一人の動きに無駄がなくなり、またパート従業員の精神的な負担が軽減されたことで、グループや派閥がなくなり、職場のチームワークがよくなったことが要因だと考えています。

〔人件費減少〕

前述のとおり、導入前と比較してパート従業員の数は減少しています。

人件費は毎年少しずつ減っていき、約40％の人件費が削減されました。また先述のとおり、働いているパート従業員のほとんどは、導入前から働いてくれている人たちです。人員ががらりと変わったわけではありませんので、働き方を変えたことによる効果が、数字としてもっとも表れている項目でもあります。

〔従業員の意識変革〕

そしてなにより実際に働くパート従業員の意識が大きく変わり、それが全てのプラスの循環を生み出しています。

以前よりもパートさんたちの動きは機敏ですし、自分で臨機応変に物事を考えてくれるようになりました。また、社員が気づかない細かな点や、日々現場で作業を続けているからこそ見えてくることを指摘してくれたり、モチベーションを上げて働きやすい職場を作っていくための、前向きな意見を提案してくれるようになったのです。

もはや書くまでもありませんが、こうした好循環が生まれたことで、職場の雰囲気は以前と比べて飛躍的によくなりましたので、効率や品質が上がるのは当然のことです。

こういう取り組みをしていると「自由にするとサボる人が出てきませんか？」といった質問をよく受けます。この質問に対して、「そんな人は全くいなかった」と言えたらいいのですが、やはり、導入した当初はサボっている人もいました。

ただ、導入前の工場での悪習慣が抜けきれていないだけで、多くの人は新しく生まれ変わる会社への希望を持ち始めていると感じていました。

このとき、僕は「働きやすい職場を本気で作っていきたいから、みんなを信じてルールを作っていく。だから僕のことをどうか裏切らないでほしい」と何度もミーティングで繰り返しました。

その気持ちに応えてくれたパートさんのおかげで、状況は徐々に改善されていきました。

「フリースケジュール」や「嫌いな作業はやらなくてもよい」というルールを導入したことでこうした好循環が生まれたことは事実ですが、なによりも、会社と従業員の間に信頼関係が築けたことが大きかったと感じており、会社が従業員の生活を大切に考え、そのために必要な行動を起こすということが重要だと僕は考えています。

それが従業員に伝わったときに、はじめて会社の中に信頼関係が生まれるのではないでしょうか。

進化する働き方

フリースケジュールは現在もどんどん形を変えて進化しています。

これまでは、出勤する日にちは自由でしたが、勤務時間は決まっていました。

しかし、今は出勤時間も退勤時間も自由になりました。

当初は、9時に出勤して17時に帰る人もいれば、10時に出勤して16時に帰る人もいるといった具合で、あらかじめ勤務時間はその人ごとに決まっていました。この時間帯に関しては採用面接のときに決めており、日ごとに変えるようなことはできませんでした。

好きな日に出勤することで会社としてもよい方向に向かっていましたが、僕たち自身も「さすがに時間まで自由にするのは無理だろう」と考えていました。

しかし、あるときふと思ったのです。なぜ僕は無理だと思っているのだろうかと。

なにもしない状態で無理だというのは、自分の先入観にすぎず、実際に試してみなければ本当のことはわからないということは、フリースケジュールを始めたときに体感していたはずなのに。

一度やって駄目なら戻せばいい。そういう気持ちで、ミーティングでこう伝えました。

「これから二週間は出勤時間と退勤時間も自由にします」と。

この提案を聞いて、パートさんたちの間に、少し戸惑いの色があるのが見て取れましたが、工場長が言うなら大丈夫だろうという雰囲気も感じられ、フリースケジュールを始めたばかりの頃とは少し違う、この反応が嬉しかったのを憶えています。

しかし、従業員には言いませんでしたが、この期に及んで僕の中には別の不安がありました。

それはとても個人的な気持ちの動きなのですが、「好きな時間に出勤していい」と言っておきながら、もし自分の予想している時間よりも遅く出勤してきた人に対して、「なんだよ、ここまで遅い時間に出社してくるなんて！」と、理不尽に負の感情を持ってしまわないかということでした。

もしそのような感情を持ってしまったら、僕と従業員との信頼関係が崩れてしまう可能性があります。そのときはこの取り組みを続けるべきか、それとも正直に僕の気持ちを伝えてやめるべきか、と考えていたのです。


そのときは思ったよりも早く訪れました。

時間を自由にして数日後、一人のパートさんが14時に出勤してきました。

「おはようございます！」とパソコンに向かっている僕に挨拶する彼女。そんな彼女に僕はそれまで不安に思っていた気持ちを思い出すこともなく、いつもどおりに「おはようございます」と返していました。嫌な気持ちはありませんでした。

それどころか、この日は出勤人数が少なかったこともあり「出勤してくれて、ありがたい」という気持ちが湧いてきて、そのことでホッとしたのか一人で笑ってしまいました。あまりにご都合主義的な展開に読者の方は疑いを持つかもしれませんし、自分でもちょっと恥ずかしいくらいの気持ちなのですが、それだけにこの日のことはよく憶えています。


自分の心に葛藤がある時は、重要な分岐点であることが多く、そのあとに、この状況について自分なりに考えてみました。

出勤日時が決まっている場合、会社側としては、決められた日時に従業員が「来て当たり前」という意識がどうしても生まれてきます。しかし、それは本当に当たり前なのでしょうか。

会社は従業員がいなくては成り立ちません。そして従業員がどのように働いてくれるかで会社の業績が大きく変わってきます。しかも従業員一人一人は日々の生活や悩みや、いろいろな出来事がある中で出勤してくれているのです。出勤日時を自由にしたことで、従業員が毎日出勤するということが、実はありがたいことなのだと、身に染みて感じられるようになりました。

過去の自分自身を振り返ってみると、自分が一段上の立場にいるような考え方をしており、従業員に対しての感謝の気持ちや、協力するという気持ちが希薄になっていました。僕はこの取り組みによって、会社と従業員との関係における、本当の意味での当たり前の感覚を取り戻すことができました。

このような経緯を経て、出勤・退勤の時間を毎日自由に変えられるようにしたのです。これからまだまだフリースケジュールは進化するでしょうし、その中で僕たちは人としてのあり方や生きるということについても、学んでいくような気がしています。

ドキュメント・エビ工場の一日

ここまで読んでも、本当にそんな形で会社が運営できるものなのかと、半信半疑の方も多いのではないでしょうか。そんな方のために、ここでは冒頭でお伝えした僕らの工場の、一日の様子をもう少し詳しくお伝えしたいと思います。

前にも述べたとおり、工場ではむきエビやエビフライなどのお惣菜の加工を主な仕事にしています。原料のエビは会社の名前のとおりパプアニューギニア産の天然エビのみを使用しています。全長約25メートルのエビトロール船で漁獲され、船の上でサイズ選別や急速凍結まで行うのが特徴で、一般的にこうしたエビを船凍品と呼びます。

漁獲してすぐに船の上で急速凍結するので、理論上の鮮度はピカイチなのですが、海が荒れて作業環境が悪かったり、大漁で作業が追い付かなかったり、強い日差しにさらされたりと、エビの質にどうしてもばらつきが出てしまうことがあります。

ですから僕たちの会社では、大阪の工場でエビを一度流水解凍して、鮮度やサイズを再選別すると同時に、そこからさらに殻をむいて、むきエビを作ったり、切れ目を入れてパン粉をつけて、エビフライを作ったりしています。

また、作った商品は全てを真空パックして再凍結することで薬品や添加物を使用することなく鮮度を保持しています。よく「冷凍でしょ」と言われるのですが、エビに関しては冷凍だからこそ高鮮度の状態で家庭に届けることができるのです。


社員二名は午前8時15分までに出勤します。会社の鍵を開けると僕は9時過ぎまでは事務作業を、もう一人の社員は工場の準備作業を行います。

パート従業員の出勤時間は自由ですが、工場自体は8時30分から稼働できるように準備しています。工場では、最初に来た人がエビを解凍する機械の準備や、用具をセットすることになっています。基本的にはパートさんが行いますが、来ていなければ、社員が行います。

この時点で人がたくさん来すぎると、まだ原料のエビが解凍されていないため、かえって作業の流れに支障をきたすことがありますが、通常、朝の8時30分までに出勤する人は一人ないし二人なので作業の準備をするにはちょうどよい人数になっています。もし、朝の段階で多くのパートさんが出勤してきた場合には、工場外での作業をお願いするなどで対応しています。

エビが解け始める9時から9時30分頃に大抵のパートさんは出勤してきます。出勤時間は自由ですから、もちろん10時に出勤する人もいれば11時に出勤する人もいます。人数が増えれば解凍するエビの量を増やしたり、エビフライのような工程の多い、手間のかかる商品を作る指示をするなど、社員が作業を調整していきます。

12時からお昼の休憩が45分あります。パート従業員専用のスペースでお昼を食べたり、外へ気分転換に出かけたりと、それぞれ好きなように時間を過ごしてもらいます。11時に出勤した場合などは、すぐに休憩時間となってしまうので、休憩を取らないという選択もできるようにしています。

お昼が終わったら午後の作業に入ります。午後の作業も基本的に午前中と大きくは変わりません。そして15時に15分の休憩があり、その後は17時の工場終了に向けて、作業を終わらせて掃除を始めます。

17時ぴったりに仕事を終えるのはなかなか難しいので、二人の社員が工場に出入りして

工場での作業の様子

補助することで時間を調節したり、パート従業員自身も工場外の作業や事務作業などにまわったりと臨機応変に対応していきます。17時には作業が終了し工場を消灯します。

社員はその後、その日の出来高などのチェックや事務作業、翌日の原料の準備などを行いますが、18時には退社するようにしています。

この制度では、パート従業員の誰がいつ出勤してくるか誰にも分かりません。

ですから、導入した当初は、その日にパートさんが何人来そうか予想をしながら作業の準備をしていました。しかし、今はそれもやめました。朝の段階で出勤人数がゼロだった場合でも、

9時を過ぎたら社員が作業の準備を進めることにしています。

フリースケジュールの話をすると「もし誰も来なかったらどうするのですか?」というご質問をいただくことがあります。この取り組みを始めてもうすぐ四年が経ちますが、出勤人数がゼロ人だった日が一日だけあります。

その日は、工場を休みにしましたが、祝日が一日増えた程度の感覚で、社員は日々やらなければならない発送作業や事務仕事に専念しました。

実際には、台風で暴風雨の日でも、カッパを着て自転車で何人も出勤したり、ゴールデンウィーク中の連休に挟まれた、たった一日の平日にも、数人が出勤してきたりといったことが起きています。結局のところ人の生活や心を予想するのは不可能なのです。それならば、予想するだけ時間の無駄と考え、パートさんが何人来るか予想するのをやめたというわけです。

余談ではありますが、僕が本当に困るのは全員が休むときではなく、全員が出勤したときです。社員が一日中原料を解凍して大忙しになります。もっとも、そんな日もほとんどありませんが。

こうした働き方をしていることで、テレビや新聞、インターネットなど様々なメディアが取り上げてくださることが増えました。そんなときは「ホワイト企業」とか「会社の鏡」とかいった言葉で褒めていただくことも多いのですが、そうした評価をいただけばいただくほど、僕はかつての工場のことを思い出して居心地の悪さを感じています。

ホワイト企業と言われるけれど

当時の僕は工場長という立場ではなく、事務方の社員として新商品の企画や営業を行いながら、工場にもかかわるパート従業員の人事や、在庫管理などを幅広く担当していました。

売り上げは今の倍以上あり、社員四、五人とパート従業員が三十名近くいました。

僕らの工場も、かつては一般的な会社と同じ雇用形態でした。パート従業員はシフト制で働いており、事前に決められた曜日、時間に出勤することになっていました。

また僕自身、従業員を管理することが、会社を運営していくうえで必要不可欠なことだと疑いませんでした。従業員をガチガチに管理し、代替出勤も許さず、何事にも細かく書類の提出を催促し、挙げ句の果てには工場内にビデオカメラを設置して、事務所から工場を監視するという、今から考えればあきれるような管理ぶりでした。

一方で、どこか自分のしていることに後ろめたさや疑問があったのでしょう。

管理してもきりがないことや、従業員との温度差を正当化するように、「誰かが悪役になる必要がある」ということを、自らに言い聞かせ続けていました。パート従業員に対して、口うるさく管理をする社員がいるからこそ、現場の統制がとれ生産効率が上がるのだと信じていたのです。

例えば、石巻に工場があった頃には、六十代の工場長がおり、僕は営業の立場から、「こういうふうに作業を進めてほしい」ということを、工場長に伝えていました。

営業の僕という悪役がいることで、工場長がほかのパート従業員に指示を出す際に「あの口うるさい営業が言っているから仕方がない」というような形で、仮想の敵がいるほうがやりやすいだろうと思っていたのです。

今になって思えば、それは現場である工場に入るのを怖がっていた、僕の言い訳でしかなかったのだとわかります。会社の中に仮想の敵がいるというのは、本当はおかしな状態です。そんな状況では、パート従業員との関係が悪くなるのは当然ですし、自分でそういう状況に持っていっていたわけです。

管理する側の社員はパート従業員より立場が上で、優れていて、工場の作業についても本質を理解しているという幻想。もちろん事務方の社員が、毎日工場で働いているパート従業員より現場のことをわかっているはずがないのですが、管理型の思考回路に陥っていた僕は、その矛盾に気がつくことができませんでした。悪役になることを正当化し、うるさく口出しだけをする、現場にとっては最低最悪の社員だったわけです。

また、従業員が切磋琢磨することと、競い、争うことを混同して、当時、工場の中にパート従業員の派閥ができていることを知りながら、それを見過ごし、逆にそうした派閥を利用できないかとまで考えるようになっていました。

当時の工場では、パート従業員が自然といくつかのグループに分かれていました。そんな状況で、例えばAというグループとBというグループを競わせて効率を上げようとしたり、面談の中で無意識にAとBとを比較して話をしたりしていました。

信頼関係も協力関係もないままで競い合っても、工場の効率や品質が上がることは絶対にないと今は分かりますし、そんなことをしても、結局、社員の目が届かないところで、パートさん同士の派閥争いが起こり、効率の低下どころか、下手をすれば会社の存続が危ぶまれるような事態を招きかねません。

それにもかかわらず、全てをわかったように、そんなことを考えていた自分を恥ずかしく思いますし、これまでうちの会社で働いてくれた従業員には申し訳ない気持ちでいっぱいです。

ではそんな僕がなぜ変わることができたのでしょうか。

それはやはり２０１１年３月11日に起きた東日本大震災がきっかけでした。

第二章
僕らを突き動かしたもの

東日本大震災と福島第一原発事故

２０１１年3月11日、僕は当時工場のあった宮城県石巻から車で一時間ほど離れた、仙台にある整体院の診療台の上にいました。

昔から血の巡りが悪いのか、放っておくと呼吸が荒くなり立っていることもままならず、ときには倒れ込んでしまうようなことがありました。そんなわけで、あの日は月に一度かかりつけの整体院で体の治療をする日だったのです。

本当は前日に予約を入れる予定だったのですが、その日は予約が埋まっており、さらに翌日の午前中も予約がいっぱいとのことで、整体院の先生になんとか頼み込んで「3月11日の2時50分なら大丈夫ですよ」との返事をいただいたのでした。

ですから、僕は先生に命を救っていただいたと思っています。もし当日の午前中に整体院に行っていたら、震災の時間には会社に戻っており、津波にあっていたでしょう。

14時46分。ちょうど診療台に横になったところで地震が起こり、あまりの揺れに僕も先生も診察室の柱に摑まって、立っているのがやっとでした。診療所の窓から見える陸橋が、信じられないほど揺れるのを眺めながら、僕は世界が終わるのではないかと思っていました。本震が収まったあとも、大きな余震が断続的に続いていましたが、とにかく工場のある石巻にすぐに帰らなければと思い、車に飛び乗りました。

整体院から石巻に戻る道路は、いつもとは全く異なる様相を呈していました。信号が消えた交差点には、車が縦横無尽に走り、常に細心の注意が必要でしたし、道路や川に架かる橋のあちこちに段差ができて、車で普通に進むことはできません。さらに、高速道路はすぐに封鎖され利用できなくなり、仕方なく一般道を使うことにしました。

道すがら、何度か会社や家に電話をかけましたが、どこも繋がりません。そんな中、なぜか九州に住む祖母からの電話が一度だけ繋がり、一瞬ホッとしたのを憶えています。しかし、相変わらずそれ以外は電話が一切繋がらず、気持ちは焦る一方でした。

実はこのとき、僕は石巻の津波のことを全く知りませんでした。車のテレビやラジオからも、宮城沿岸の情報は断続的に入ってきていましたが、石巻の情報がなかったこともあり、自分の会社や生活している場所が津波で被害にあっていることなど想像さえしていなかったのです。

この交通状況では、17時を過ぎても会社に戻れそうにないと思い、この日はひとまず家に帰り、翌日早めに出勤することにしました。まさか社長である父の身にあんなことが起こっているとも知らずに……。

僕と同様に、地震当時、仙台にいた母は友人の車に乗せてもらい、なんとか夜には自宅に帰宅しました。しかし父とは相変わらず連絡が取れない状況が続いており、徒歩で5分ほど離れた僕の家で一緒に夜を過ごすことになりました。

母は父が会社から帰っていない状況にとても不安気な様子でしたが、僕もどうすることもできず、ただ気持ちばかりが高ぶって、なにかに苛立ち続けていました。

当時、僕は小学校四年生の長男、幼稚園年長の長女、そして前年の12月に誕生したばかりの生後三か月の次男を抱えていました。このときには、既に電気・ガス・水道が使えない状況でしたが、大きな余震が連続する中で石油ストーブを使うことも恐ろしく、いつでも車で逃げられる準備をして、家族みんなで毛布にくるまって夜を過ごしました。

なぜか鮮明に憶えているのは、余震に怯え寒さに耐えながら、真夜中に見上げた星空がとてもきれいだったことです。宮城に住んでからこんなに多くの星を見たことがあるだろうかというほどに、無数の星が空に輝いていました。

こんな状況で考えることではないかもしれませんが、それを見て、人間というものは宇宙や地球のほんの一部なんだと、そんなことを僕は考えていたのでした。

夜中の2時か3時だったでしょうか。どこにかけても繋がらなかった電話が突然鳴りました。それは家に戻ってこない父からの電話でした。

石巻や自宅周辺の情報を得ることができていなかった僕たちは、きっと父は体育館などの臨時避難所にでもいるのだろうと考えていました。電話口の父に「どこにいるの？」と訊ねると、「会社の屋根にいる」と答えるのです。

父は男性社員と一緒に津波を逃れ、雪が降るほどの寒さの中で、会社の屋根に取り残されていたのでした。そんなこととはつゆ知らず、僕は真剣に「なんで屋根にいるの？」と聞き返しました。父は「津波が来たんだ」と答えました。

全ての状況が分かっている今であれば理解できるのですが、当時はまさか自分の会社に津波が来るとは思ってもいませんでしたし、建物の二階まで浸水するなんてことは想像もできませんでした。そして電話はそのまま突然切れてしまいました。

きっと父なら自分たちでなんとか対応するだろうと母や妻と話しながらも、この寒空の下で屋根の上にいる父を思うと、もしものことが起きるのではと、不吉なことが一瞬頭をよぎりました。

翌朝、津波が引いたところで会社の屋根から下りた父は、二十キロ離れた自宅へ向けて通行止めになった高速道路を歩いていたところを、パトカーに拾われて無事に帰宅しました。しかし、雪の降る中で長時間薄着だったせいで低体温症になってしまい、その後の避難生活ではずっとベッドで寝ている状態でした。

幸いにも僕たち家族は津波で命を落とすものはなく、自宅も高台にあったため無事でした。すぐに近くの公民館などに避難所ができましたが、津波が来る危険性もないので僕たち家族は自宅避難という形をとっていました。細々と冷蔵庫に残った食品を食べながら過ごせば、補給物資に頼らずとも、かなりの日数を過ごすことができると思っていたのです。

しかし、その予想はもろくも崩れ去ります。

福島第一原発の爆発です。

ちょうどそのとき、僕は水などの飲みものを手に入れようと、車で外に出ていました。結局水を買うことはできず、缶コーヒーだけを買って家に戻ってきた僕に妻が告げたその事実は、本当に信じがたいものでした。

すぐに考えたのは、もしそれが事実であれば、僕らは子どもを守ることができるだろうかということでした。その不安は、地震が起きたとき以上のものでした。

なんとか正確な現状を知ろうと、ラジオを聴いていると、石巻と女川に跨がって立地している女川原発の放射能のモニタリングポストの数値が、通常の四百倍に跳ね上がったと伝えていました。しかもラジオでは避難や屋内待機などの必要性については言及されず、「大丈夫」だと言っていることが、逆に僕の恐怖を最大限にまで引き上げました。

この時点で、長期の避難生活になることを覚悟した僕たちは、数年前に建てたばかりの両親の自宅へ全員で移動しました。借家であった僕の家よりも大きくて、築年数も浅かったことから、密閉性も高いと考えたのです。会社の移転とともに何度も引っ越しを続けていた両親でしたが、宮城を終の住処にしようと、人生ではじめて建てた家でした。

当時、僕は東北に暮らす中で原発や核燃料サイクルに疑問を持っていました。個人としてもドキュメンタリー映画の上映会や、原発に詳しい専門家などに来てもらい講演会を開いたりしていました。こうした経験もあって、人よりは原発や放射能に対しての知識がありました。

福島第一原発が爆発したのであれば、風向きによっては放射性物質が流れてくる。それが雨や雪と一緒に地上に降れば、子どもたちが被ばくする可能性がある。そう考えた僕は、外気が家に入らないように部屋の窓枠をガムテープで目張りしたうえで、家族が外へ出るのを禁じました。

息苦しい避難生活になるけれども、正確な情報が入らない状況ではこうするしかないと考えたのです。結果としては風の流れは石巻上空を通らなかったと言われていますが、自分たちがこのような行動をとったことは間違いではなかったと今も思っています。

そんな状況で避難生活を一週間も続けていると、人は体力的にも精神的にもまいってきます。大人は嘔吐したり、高熱が出たりといった体調不良の症状が出始めました。小学生や幼稚園の子どもは、家から出ていないこともあり状況を把握しておらず、意外に元気でしたが、生後三か月の息子の肌がただれ、のちに病院に連れていったときは、顔面火傷と間違われるほどにひどい状態へと日々悪化していきました。

しかも、それがストレスのせいなのか、不衛生な環境のせいなのか、あるいはそれ以外のなにかのせいなのか、僕たちには判断するすべがありませんでした。

そんなこともあり、これ以上この場所で避難生活を続けるのは限界と考え、宮城から出ることを模索し始めました。

しかし、車はあるものの道がどのように封鎖され、通行止めになっているかも分からない状態で、大切なガソリンを使うことをためらい、なかなか行動に移すことができないでいたのです。

そんなとき、関西のお取引先の方から連絡が入り、車で助けに来てくださるとの申し出をいただきました。僕たちは、自分たちだけが避難することに罪悪感を覚えていましたが、その方がたくさんの水や食料などの救援物資を被災地のために積んできてくださったことで、随分と精神的にも助けてもらったように思います。

結局、両親は救援物資がなくなって空になったその方の車に乗せてもらい、僕ら家族は自分の車でそのあとを追いかける形となりました。

通行止めを避け、山道を迂回する中でどうにか宮城県を抜け、山形県に入りました。そして、それまでよりもいくぶん交通量も多くなったところで、僕は信じられない光景を目にしました。

ほんの数時間前まで僕らは電気もガスも水道もなく、食べものや飲み水にすら困っていたのに、なんと幹線道路沿いのパチンコ店が煌々と明かりを灯して営業していたのです。営業をしているということは、当然水も出ていたはずです。

当時、被災地では水道が止まっていたので、水の確保が非常に困難でした。近所のショッピングモールの前には、いつ開店するかもわからないまま、水を求める人の大行列ができ、店が開いてからも、一家族一本までといった制限がある状況でした。

被害がなければ、営業をしているのは当然と言えば当然なのですが、そのことよりもこの現実の差はいったいなんなのかと、僕は腹立たしいような、悲しいような、なんとも言えない気持ちになりました。

その後は、山形県で数日避難させていただき、心と体を少し休ませてから、さらに大阪へ向けて出発しました。当時の山形県でもガソリンはまだ貴重でしたが、避難先の家の方にガソリンまで分けていただき、さらには息子のために病院も紹介していただきました。このときほど人の優しさというものが身に染みたことはありませんでした。

そして金沢までやってきた僕たちは、そこで一泊したのち、現在、暮している大阪へと避難することができたのでした。

立ちはだかる二重債務

しかし、ホッとしたのも束の間。携帯が繋がるようになってからは、当時の宮城の従業員の安否確認を始めました。

とにかく生きていてほしいと願いながら、なかなか電話が繋がらない状況の中で、何日にもわたって安否を確認するのは本当に辛いことでした。

連絡が取れた従業員には3月11日までのお給料に関すること（タイムカードも流されたため正確な時間が分からなかった）や会社の現状を説明しました。

それ以外にもお取引先への説明や仕入れ先への支払いの確認を行うなど、経営者としての現実にも向き合わなければなりません。さらに、それと並行して子どもの学校や友人、地域活動など多岐にわたっての連絡や手続きなども発生し、めまぐるしい日々がここから始まったのでした。

金沢に向かう車中で、妻とこの先の仕事をどうしようかと話していたのを今でも憶えています。ここで言う仕事というのはパプアニューギニア海産での仕事のことではありません。そのとき、僕は会社を再建できるとは思っていなかったのです。

津波から逃れた父が撮影した写真には、流される車や全壊した工場の様子が写っていました。それを見ていた僕たちは、そこから会社を再起させるという発想を、全く持ち合わせていませんでした。

そんな状態ではありましたが、携帯電話にかかってくるお客様からの言葉に励まされ、少しずつ考えが変わってきました。中でも「パプアニューギニア海産の代わりをできる会社はほかにはない」「いつまでも待っている」といった言葉をいただいたときには、気持ちが奮い立ちました。

それとともに、四章で後述しますが、パプアニューギニアのパートナーや、現地で働いている人たちのこと、そして、両親が会社を設立してから三十年間で培ってきたこの会社の意味を、もう一度僕なりに考えていました。

それからは僕も前向きに会社の再建を考えるようになり、規模は縮小してもなんとか継続できる道を探し出すべきではないかと思うようになっていきました。住む場所さえまだ決まっていないような状況の中で、よくここまで前向きに考えることができたものだと、不思議な気持ちになります。

大阪に来て数週間は、お取引先の方が用意してくださった家に住まわせていただきました。また、別のお取引先の方には、今の工場がある大阪府中央卸売市場のことを紹介していただきました。

大阪で水産工場を新しく始めるのは本当に難しく、原料やでき上がった商品を保管する大規模な冷凍設備や衛生面などが整っている工場設備が必要です。この場所を紹介していただけなければ、どんなに縮小したとしても事業の継続は不可能でした。

さらに、全国のお取引先やお客様から寄付金をいただいたことで、新しい設備を最小限整えることもできました。

新たに工場を始めるにあたって、二重債務を抱え、その額は1億4000万円にもなりました。この債務とは別に、冷凍倉庫に保管していた大量の原料や商品が全て津波で流されました。運の悪いことに、東京の倉庫から石巻の倉庫に、それらを移したばかりだったことも重なり、その総額は5000万円ほどにもなっていました。

国からの補助で助けてもらったと思う方もいるかもしれませんが、実際には、被災地から大阪に移った僕らには、国からの補助は一切ありませんでした。

理由は、被災指定地で再建することを選ばなかったからです。被災指定地で再建すれば水産加工業であれば八割以上（八分の七）の国からの援助もありました。

どんなに国や自治体にかけ合っても、僕たちを助けてくれることはありませんでした。ですから、今の僕たちがあるのは、助けていただいた全国の皆さんのおかげなのです。

本当に心から感謝しています。

それと同時に国や自治体には、今からでも僕たちのような理不尽な扱いを受けている会社を救う道を考え、実行してほしいと思っています。

僕たちにはまだ９０００万円近い債務が残っており、それが再起するにあたっての大きな壁になっています。いつ倒産してもおかしくない状況は今も変わらないのです。

東北で再建したかった

「なぜ大阪で再建する道を選んだのですか」とよく聞かれます。

たくさんの方に助けていただいたおかげで大阪に辿り着き、そのことに本当に心から感謝しています。なにか一つでも欠けていたら大阪での再建はできませんでした。

しかし、そのうえであえて本心を言いますと、僕らは宮城で再建したかったのです。

地震と津波で多くの人が亡くなり、街は想像もできないほどの壊滅状態となりました。みんなで一つになって復興を目指す。それこそ宗教や政治的信条も関係なく、みんなが力を合わせる。そこに自分が加わるというのは当然の流れであり、そこに住んでいたものであれば誰もが望むことです。

しかし、僕たちがその気持ちを諦めなければならなかったのは、福島第一原発事故があったからです。

事故から六年が経過した今の時点でさえ、原発の内部の状態すら分かっていません。２０１７年２月には内部の放射線が強すぎて人が入れないどころか、その影響で遠隔ロボットすら動かなくなったことが報道されていました。

原発事故さえなければ、石巻の全く同じ場所でなくとも、松島や塩釜や東松島など、宮城の別の市町村での再建を目指すことはできたでしょう。

それであれば、宮城の従業員を解雇する必要もなかったかもしれません。

石巻での後悔

２０１１年４月12日、僕は震災後はじめて石巻に向かいました。

宮城の従業員に、今後のことを直接話すためです。

朝の６時に大阪を出発しました。大阪に避難してからはじめて訪れた石巻に緊張しながらも、まずは自宅へと向かいました。

着の身着のままで大阪へ避難したため、まずは、今後の生活で必要になる洋服や日用品を車に詰め込みました。その晩は、一人で夜を過ごすのがなんだか怖く、自宅ではなく、家族で一週間の避難生活をした、両親の家に泊まったのを憶えています。

工場内は津波によって、ことごとく破壊された

その晩はどうにも寝付けず、翌朝は5時には起きて荷物の片づけを始め、お昼前には会社に向かいました。

震災後にはじめて沿岸の街に入った僕は言葉を失いました。一か月前までは普通の街並みだった場所が、自然の力によってこんなにも変わってしまうのかと。

それまでもテレビや新聞で石巻の状況を目にはしていましたが、実際にその場で見るのはあまりにも苦しいものがありました。

もちろん会社もひどい状態でした。近くの冷凍設備から流れてきたらしき大量の魚が腐敗し、それがカラカラに乾いて、なんともいえない匂いを放っていました。鉄筋だった建物は津波に耐えて残っていましたが、会社と道路を隔てる壁は流され、一階にあった工場や冷凍コンテナはことごとく破壊されていました。また、二階の事務所は棚が倒れ、物が散乱しており、椅子などの濡れた形跡から、ここまで津波が来たことが分かりました。従業員とは13時に会社に集合する予定になっていましたので、それまでは、残っている書類やパソコンなどの確認をしました。

13時になり、震災後はじめて従業員と対面しました。全員が参加することはできませんでしたが、それでも来てくれた従業員に、会社の現状とこれからのことを話さなければなりません。

建物内は津波の被害が激しく、依然として、いつ余震が来るかもわからない状態だったため、建物の外で話をすることにしました。

みんな社長と僕の話をじっと聞いていました。宮城での再建は断念したこと、大阪で再建すること、パート従業員は解雇となることを伝えました。とても重苦しい雰囲気でした。

僕はこの話の最後をどう締めくくればいいのか迷いました。人前で話すのにあんなに動揺したことはありません。たしか「これまでありがとうございました」という言葉で締めくくった気がするのですが、実際はきちんとは憶えていません。

会社に捨てられたと感じた人もいたでしょうし、すぐに大阪へ避難した僕らを非難する気持ちの人もいたかもしれません。そんな全ての気持ちを、受け止めざるを得ませんでした。僕はその日の日記にこんな言葉を残しています。

「みんなとは加工と事務で立場が違ったり、これまでの関係性で、最後まで親しく話ができなかったのが残念だった」

この後悔が僕の心の中でずっとひっかかっていたような気がします。

あの日、体に染みついた街の匂いを、僕は今でも忘れることができません。

放射能が心配で避難しているお母さんに

ある程度、会社が軌道に乗り始めた頃に、移住避難した者が猛烈に抱える特有の悩みというものがあります。それは友人や知り合いを置いて、被災地復興の最中に移住してきてしまったという後ろめたさです。

現に「宮城を捨てた」「郷土愛がない」「自分のことしか考えていない」という言葉を僕たちも受けてきました。

そうした言葉になにも言い返せず、そう言われるのも仕方がないかもしれないという思いが、さらに自分を責めることになりました。

そんな中でもなにか自分にできることはないかと考え、もがいていたのでしょうか。

2011年7月の会社のブログに僕はこんな求人告知を出しています。

避難しているママさん一緒に働きませんか？

投稿日 2011／07／25

福島原発事故の放射能が心配で避難しているママさんへ
弊社は宮城県石巻市で被災し、大阪府茨木市で再スタートしています。
現在は茨木市宮島の加工食品卸売場内で小さな工場を作っています。
新しい土地での不安や大変なことも多いですが、一歩ずつなんとか進んでいる状態です。

今、大阪には福島原発事故を心配し、大阪に避難しているママさんがたくさんいます。

自分たちの貯金を切り崩しながら、必死に頑張っています。

しかし、子どもの学校などもありパートタイムの仕事につくのも難しいと聞いています。

弊社はそんなママさんと一緒に働きたいと思っています。

子どもを守るために必死で行動しているママさんの力に少しでもなればと思います。

●月曜～土曜で週4日以内

●時間は柔軟に対応します（子どもの帰ってくる時間にあわせるなど）
●時給　850円
●仕事内容：冷凍エビの解凍・むき作業・パック詰め（水産加工の経験必要なし）
●小学生以下のお子様がいるママさんに限定

条件は簡単には上記のとおりですが、交通費は出ません。
また、仕事場に入ったら普通のパートさんと同じ扱いになります。
あくまでも時間帯や出勤日に融通が利くということです。
規模を大幅に縮小しての再稼働のため、
人数は4人ほどしか雇用できないと思います。
気になる方はお早めに連絡ください。

担当　武藤北斗

（パプアニューギニア海産ブログより）

東北からの避難移住者はもちろんのこと、関東など、東北以外の地域から福島第一原発の放射能の影響を考えて避難している人たちをフリースケジュールと同じような形で雇用するという求人内容でした。

その当時はフリースケジュールという言葉こそ使ってはいませんが、自分の生活に合った出勤体系で、せめて苦しいであろう避難生活を少しでも楽にしてもらえればという思いで、この求人告知を出したのだと思います。

自分たちも含めて、避難をしてきた人たちの中には、孤立し居場所のない人もいました。また、住民票を移していないことで、避難した先で就職することが難しい人もおり、うちの工場であれば、そういったことにも対応できると思いました。

実際に、家族で避難をされた方のお父さんが、工場で働くことになりました。当時はまだ職場環境が今のようではありませんでしたので、どこまで助けになれていたのかは分かりません。

そんな中で、パートさんたちがとても一生懸命働いてくれました。そのことが、僕に管理しないことで生まれる従業員との信頼関係の大切さを実感させてくれました。

この出来事が、僕が自分から従業員の生活や気持ちを考える、一つのきっかけになったように思います。

ただし、この話も結局は宮城から避難してきた自分への贖罪（しょくざい）の意識から始まったものにすぎないかもしれません。その意味では、美談でもなんでもなく、実は僕の一人よがりな一面を露わにしているにすぎない可能性もあります。

ただ、この体験において、憎むべきはやはり原発事故ではなかったかという思いがずっと僕の中にあります。

もし震災だけであれば、こんなことにはならなかったのではないか。もっと人と人が助け合い、日本も社会も別の方向に向かって、成長できたのではないかと思うのです。しかし、それを捻じ曲げ、争いすら生み出したのが福島第一原発事故であり、国の対応だったのではないかと感じています。

東北に新しい原発が建てられている

東北で再起したいという気持ちを諦めなければならなかった僕にとって、原発というのは本当に憎い存在でした。そして福島第一原発事故から一年や二年で再稼働を進めてしまう国にも大きな怒りを感じていました。

中でも特に僕が許せないのは、いまだに日本で原発が作られているという事実です。

本州最北端の青森県大間町をご存知でしょうか。毎年、初セリでは大間のマグロが話題になります。晴れた日には北海道が見えるこの大間町に、今新しい原発が建てられている真っ最中なのです。

原発を容認する人でさえ、さすがにもう新しい原発を今から巨額の資金を使って作る必要はないのではないかという意見すら聞きます。

これまでの長い歴史を考えれば、国策として進められた核燃料サイクルに、一つの街が抵抗するのはとても大変なことです。結果として、街が賛成派と反対派で分断されてしまいます。僕はそういう意味でも原発というのは罪なものだと感じるのです。

大阪に移住した僕ですから、よそ者がなにを言うのかと思われるかもしれません。

しかし、やはり福島第一原発事故を起こした日本に住む一人として、そして多くの悲しみを体験した一人として、僕は優しく「もう原発はいらない」と声をあげ続けていきたいと思っています。

再起ははじめからうまくいったのか

僕たちは大阪での再起を決意しました。

それからは、復興へ一丸となる宮城や、東北を置いていくことへのジレンマを感じながらも、見知らぬ土地での再起に必死でした。

住む街や家を探し、子どもの学校を探し、転入や入学式の用意をし、引っ越しを行い、さらに会社においては工場を探し、従業員を探し、機械や資材を扱う会社を探し、どんな商品を再開してどのように販売をしていくのか、全てを作り直さなければならないのです。まさに会社も私生活もゼロからのスタートでした。

最初は僕と石巻から一緒に大阪に来てくれた二十代の男性社員との二人で、工場を稼働させました。この男性社員は、あの震災の夜に社長と会社の屋根で一夜を過ごした彼です。

僕も工場で作業をするわけですが、もちろん二人では人手が全く足りず、掃除を14時頃に始めないと、工場の終業時間である17時に消灯できないというありさまでした。

とにかくパートさんが早く入ってくれることを願って、ハローワークへ募集告知を出しましたが、一か月経っても全く人が集まりません。

宮城ではハローワークで人を募集するのが当たり前でしたが、どうやら大阪では求人誌などに求人広告を出さないとパートさんが集まらないようだと知りました。

そのうえ、大阪府の茨木市では水産加工というのは珍しい職種で、パプアニューギニア海産という聞いたこともない会社名でしたから、求人内容が相当に異様にうつったらしく、そのことも人が集まらない原因の一つだったようです。

満足な工場稼働もできない中、求人誌への出費はかなりの痛手でしたが、背に腹は代えられず、祈るような気持ちで求人広告を出したことを憶えています。

なんとか人が集まり始めたのは工場を稼働させてから二か月後のことでした。

そして、僕はここで大きな過ちを犯します。
人が集まり始めたことに安心してしまい、もう一人の社員を工場長に任命して、自分はそれまで続けていた工場での作業をやめて、事務所の仕事に専念してしまったのです。

２０００年に僕はパプアニューギニア海産に入社しましたが、入社以来ずっと営業や事務一筋で過ごしてきました。当時は本社が東京に、工場は石巻にあり、卸売市場への大量販売が会社の販売形態の中心でしたが、養殖エビによる価格の下落の影響を受けて、スーパーや小売店への販売を強化していた時期でした。

会社の将来を左右する案件が多く、仕事は毎日とても忙しく、そんな中で営業という仕事の重要性を感じるとともに、プライドも感じていました。

ですから、会社には工場長がいて、営業がいて、といった具合に、それぞれの役割がきちんと分かれているからこそバランスがとれると感じており、また東京と石巻で離れていますので、東京本社に勤めていた僕は、実質的に工場の現場に入ることができませんでした。そして２００３年に本社が石巻に移転してからも、営業に専念することが習慣づいていた僕は、工場に入らない営業となってしまったのです。

当時の僕は、会社の利益をとにかく拡大しようと、事務所で机上の空論を作り上げていくことになりました。今思えば、現場の実情が全く分かっていない、とんでもないことばかりを言っていたように思います。しかも先述のとおり、会社の生産効率を上げるためには悪役が必要だと信じていましたから、職場でどんな問題が起こっても最終的に思考がそこに収まってしまい、結果として従業員との信頼関係を築くことができませんでした。

残念なことに大阪で再起を図るときも、僕はそれを続けてしまったのです。

会社が再起するために、事務所でやらねばならない仕事は山のようにありました。それを僕がやらなければ工場で作った商品が売れません。また商品の規格や価格も変わっていましたから、被災からの再起とはいえ、お客様に対して説明もしっかりとしなければなりませんでした。

しかし、午前中だけでも、いや、一時間だけでも工場に入っていればと、あのとき自分が取った行動が悔やまれます。工場の全てを工場長に任せたと言えば聞こえはいいかもしれませんが、押し付けてしまったというのが実情ではなかったかと思います。

それから二年後、工場長から思いもよらず告げられた退職の報せ。

彼は会社を去ることになりました。

彼は僕が知らない工場の現場というものを知っていましたから、大阪で再起するにあたっては、本当にいろいろと助けてもらっていました。

しかし、今思えば、見知らぬ土地での再出発は彼も同じこと。それにもかかわらず、この頃の僕は、会社を再起させることに頭がいっぱいで、パート従業員どころか、一緒に机を並べている社員の彼のことすら見えていませんでした。

本当に申し訳ないことをしたと思います。

予期せぬ彼の退職の報せに、僕の頭は混乱していましたが、恥ずかしい話、そのときでさえ彼のことではなく、この先どうやって一人で工場を動かしていくのかと、自分のことばかりを考えていました。

僕の知らなかった工場の真実

前工場長がやめることが決まりました。

それは僕自身が工場に入り、工場長として働くということを表していました。遅まきながら、そういう状況になって、ようやく腹を括(くく)ることができました。

まず僕はパートさん一人一人と話をすることから始めました。

それまで、営業と事務に専念していたとはいえ、人事を担当していたこともあり、従業員と接する機会はありましたし、退職していく人から嫌というほど工場の内情を聞いていました。自分が工場長になるのであれば、まずは今ある工場の問題点を従業員から直接聞いて、意見を交わすことが必要だと思ったのです。

前工場長が退職の一か月前に辞表を出してくれたこともあり、僕には約一か月の準備期間がありました。その期間を利用してパート従業員十三人（当時）と、一対一での面談を始めました。

一回あたり一、二時間の面談をすることはざらで、必要があれば何度も同じ人と話をしました。同じ人とばかり繰り返し話していると、なにか告げ口をしているように見えたり、会社内で話すことで誰かに聞かれるのではと心配するパートさんも多く、本心を話してもらうために、工場の外に出て歩きながら面談を行ったり、市場内の休憩スペースなども利用しました。

とにかく、工場の現状を把握するために時間を際限なく使いました。

あの当時の僕は、従業員と話すためだけに会社に出勤しているようなものでした。

そこで分かったのは、僕の想像をはるかに超えた現場の実情でした。

パートさん同士がいくつかのグループに分かれ、さらにはそれが複雑に絡み合い、最終的には、グループがどう分かれているのかさえも分からなくなりました。パート従業員同士の間に嘘や争いが混在し、お互いが憎しみ合っているのではないか、とさえ感じられるような状況だったのです。

そして、今まで目の前で起きている現実に目を向けなかった自分自身の愚かさに、やっと気がついたのです。

それと同時に、パートさんが僕のことを全く信用していないということを感じました。

大枠の話はしてくれても、問題の核心部分になると口を閉ざしてしまうのです。

パートさんから話を聞いたうえで、僕がどのような対応をするのか、それがほかのパートさんにどう伝わるのかが分からないのですから、そうした反応は当然のことだと今はわかりますが、当時の僕は、とにかく早く工場の問題を解決しなければと焦るばかりでした。


そんな中で、僕が徐々に感じるようになったことがもう一つあります。

それは「パートさんたちが誰も会社のことを好きではない」ということでした。

それを確信したとき、震災のあとに石巻で従業員と再会した、あの日の気持ちが鮮明に思い出されました。

「みんなとは加工と事務で立場が違ったり、これまでの関係性で、最後まで親しく話ができなかったのが残念だった」

自分勝手な感情かもしれませんが、あの日、僕は従業員との間に大きな距離を感じていました。

そのことを後悔したにもかかわらず、大阪での日々の中でも、僕は従業員との間に信頼関係や助け合う仲間としての関係を築こうとしていなかったのです。本当に愚かでした。

そのことに気づいてから、僕は同じように面談を繰り返しながらも、今までとは気持ちが違う方向へと向き始めました。

目の前の問題だけを解決する方法を探しても駄目なのだと。新しいなにかを作り出し、本質的に変えていくことでこそ、問題を解決していくことができるのではないかと考え始めたのです。


大阪で再起するためにがむしゃらになっている中で、うまく整理がつかないながらも、ずっと考えていたことがありました。

それは、自分の命が助かったこと、大切な人たちが亡くなったことです。本当に小さな判断の一つ一つで、偶然が重なり合って、生き残る人がいて亡くなっていく人がいるということを痛感していました。軽々しく口にすることはできませんが、僕は人の生死を目の当たりにして、「生きる」とか「死ぬ」とか「生まれ育てる」といった人生におけるとても根本的なことを、震災以降ずっと問い直していました。

そして、今自分が命をかけて再建している会社のことをもう一度考えたときに、「働く」という自分の足元にある行為から、僕はずっと目をそらし続けてきたことに気がつきました。そのとき生きることと働くことが僕の頭の中で明確に繋がったのです。
そして、こんな思いが溢れ出てきたのです。
従業員たちは本当に生きるための仕事ができているのか。
パプアニューギニア海産は、彼らが生きるための職場になれているのだろうかと。
その答えが否であることは明白でした。

愕然とした思いとともに、せめてここからでもやり直そうと、そしてこれをやるならば今しかないと思いました。

面談の中で強く感じた「パートさんたちが誰も会社のことを好きではない」という確信と石巻で感じた後悔。その二つに突き動かされるようにして、僕は動き始めました。
まず僕の頭に浮かんだのは、社員であっても、パート従業員であっても「うちの会社はこんな素敵な会社なんです」「こんなに働きやすいんです」、そしてできたら「私はこの会社を絶対にやめたくありません」そんな言葉を言ってもらえるような会社にしたいということでした。

当時も工場では子育て中のお母さんたちが、たくさん働いていました。そんなお母さんたちが働きやすい職場をと考えたときに、僕が真っ先に思いついたのが「好きな日に休める会社」でした。当初は好きな日に出勤できるではなく、好きな日に休めるという考え方でした。

小さな子どもがいつ熱を出すか、いつ怪我をするか、そんなことは誰にも予測できません。それは自分自身の子どもを見ていて、身に染みて感じていたことでした。そんなとき、会社に気兼ねせずに心置きなく休むことができたら、どれほどいいだろうと考えたのです。

運動会や授業参観といった学校行事だって頻繁にあります。人によってはＰＴＡ役員などの大変な役回りもあるかもしれません。そうしたときに、いちいち会社に説明して休むことは、お母さんたちにとって大きなストレスになるだろうと。

こうして、フリースケジュールという働き方が始まりました。

ですからはじめの段階では、この取り組みに会社としての効率や生産性、品質向上といった経営的な要素は一切含まれていませんでした。言ってみればこうした効用はあとからついてきたものにすぎません。始まりは採算度外視の働き方改革だったのです。

しかし、そうまでして僕が職場を変えなければならないと思えたのは、皮肉にもあの震災があったからなのでした。

フリースケジュールが始まった

心が決まればあとは実行に移すだけでしたが、友人やお客様をはじめ、多くの方に反対もされました。経営者的な視点で考えれば、前例もなければ、なんの効果も保証もされてないような働き方に、東日本大震災の二重債務を抱えた会社が挑戦することは、あまりにも無謀に見えたはずです。

助言をくれる方たちが、心底心配してくださっているのは分かりましたが、助言は助言としてありがたく受け取りつつ、それでも僕は止まりませんでした。

従業員と本音で語り、助け合い、この会社で働いて本当によかったと思ってもらえるような職場にすると決めていたのです。

フリースケジュール初日。この日は、僕が工場長に就任した日でもあります。

この日だけはパート従業員全員に10時にそろって出勤してもらいました。僕が考えていることを従業員みんなで一緒に聞いてほしかったのです。

これまでの反省を踏まえたうえで、僕が目指すものを伝え、お互いが助け合えるような職場環境にすることを、みんなの前で誓いました。

さらに、みんなに三つのことへの協力をお願いしました。

それはとても単純なことです。

「従業員同士の悪口を言わない」

「挨拶を大きな声でする」

「時間を守る」（休憩から戻る時間など）

という三点です。

これは職場において今でも僕と従業員との重要な約束事になっています。大げさなことのように書いていますが、要するに人としての基本を改めて確認したということです。

また、僕自身意図していなかったのですが、フリースケジュールを実践するという行為自体が、僕がパート従業員を信じていくことの証となりました。


生産性や効率は度外視で、とにかく働きやすさを求めた結果としてのフリースケジュールでしたが、経営者としての危機管理意識が働いており、実際には少し段階を踏みながらのスタートとなりました。

それまでパート従業員は週四日ほど決められた曜日に出勤していたので、まずは「何曜日でもいいから週に三〜四日は出勤してください」と曜日の固定を外すことからスタートしました。

数週間が経過して問題がなさそうだったので、今度は「月に十四日前後出勤してください」という形に変化させました。

はじめのうちは、誰が何日来ているのかを集計していましたが、そのうちに面倒になり、時間の無駄だと感じるようになりました。さらには何日来ていようが、工場の稼働に支障をきたしていないのだから問題はないという考えになり、最終的には出勤日数を数えるのをやめました。

また、一日の出勤人数の差はもちろんありますが、週や月といった長いスパンで見れば、平均的な出勤人数になっていることにも気づきました。

それならば、月に何日出勤しなければならないという、日数の定めもなくしてしまおう思い、ここからフリースケジュールが現在とほぼ同じような形になったのです。

フリースケジュールの原型は親族の働き方

このフリースケジュールの原型は家族経営の会社にありがちな、親族の働き方と似ています。端的に言えば、経営者の親族だけは、子育てや私生活を優先した出勤形態になっていることがままあるのです。

従業員全員がその働き方であれば問題はありませんが、親族だけというのはかなり不公平です。しかし、実際にこうした形で親族を働かせている会社は多く、うちの会社でも似たようなことがありました。

　こうした働き方を許容している背景がなんなのかを、僕なりに分析すると、要は親族のことは身近でよくわかっていて、向こうもこちらの事情をわかっているから一生懸命に働いてくれるだろうということを、ただひたすらに信じているのです。また、経営者は親族を信じるという行為には、なんのストレスも感じてはいないはずです。

　なぜなら、経営者には親族の私生活が見えています。例えば子どもが熱を出して病院に行かなければいけないときに、子どもがあれだけ高熱を出せば病院に行くのは当然だなと判断できます。だから病院に行っておいでと言えるのです。しかしパートさんの場合は全く私生活が見えていないので、そういったことに対応しようという頭になりにくいわけです。


　経営者の皆さん、親族だけがフリースケジュールになっていませんか？

　きっとパートさんは口には出しませんが、経営者の身内だけがそんな働き方をしているのであれば、いろんな不平があると思います。そのような状況では、いくら職場に表面上の笑顔があっても、また、よい職場になっていると経営者が思っていても、それは一人よがりな思い込みにすぎないかもしれません。

でも、間違っても親族のフリースケジュールをやめないでください。親族に対してフリースケジュールが可能なのであれば、あとはその人数を親族以外に増やしていけばよいのです。ぜひ大きなチャンスと捉えてください。

休憩時間は誰のもの？

出勤時間が自由になると同時に、休憩時間を取るかどうかも自由になりました。するとパートさんは自分の生活に合わせて、僕が考えもしなかったことを始めました。先日、11時に朝の作業を終えた僕は、パートさんよりも一足先に事務所へ戻りました。すると休憩室に電気が点いています。誰かが出勤してきたのかと思い、のぞいてみると、一人のパートさんがお昼ごはんを食べていました。

「おはようございます」と挨拶を交わしたあとに彼女に話を聞くと、今日は11時30分から働いて、12時の休憩を取らずに、17時まで働いて帰るとのことでした（15時の休憩は取ります）。自由に働く彼女を見て、なるほどそんな変則的な昼食の取り方や、働き方もできるようになるのかと、僕はちょっと嬉しくなりました。

出勤時間が自由になると、休憩を取るかどうかの選択も自由になる。さらにはお昼をいつ食べるかも自由になる。

こうなってくると従業員がみんなでお昼を取ることがなくなってきます。同じ釜の飯を食べるではないですが、お昼休憩を一緒に取ることで、仲間の輪ができるという意見をもらうこともあります。でも、本当にそうでしょうか。

毎回一緒にお昼を食べることをみんなが望んでいるのでしょうか。僕はそれも会社が縛っていることの一つではないかと思うのです。一人で静かに食べたい人はいないだろうか、外に食べに行きたい人はいないだろうか、いろんなことを考えてしまうのです。自分の生活のリズムに合わせて仕事ができることが、僕は重要だと思います。

言うまでもなく休憩時間は従業員のものです。

その時間には、体も心も休めてほしいと思っています。休憩室にいようが、外に散歩に行こうが、車で寝ていようが、会社が口出しするものではないと思うのです。

一部の人が働きやすい職場ではなく、平均的にみんなが働きやすい職場を目指して、休憩時間のような勤務外の時間さえも、一度考えてみる必要があります。

第三章

人を縛らない職場ができるまで

会社の役割を考える

こうした経験を通して、会社や経営者の役割というものが、僕の中で確実に変化してきました。

これまでは、会社をいかに経営するかが揺るぎない最優先事項であり、それを支えるのが従業員という存在であると考えていました。しかし、今は会社の経営と同じくらい、従業員が人間らしく気持ちよく働ける職場、いわば「生きる職場」を作るということが大事だと感じています。

経営者として人を雇用するということは、その人の生活はもちろんのこと、その人が幸せに生きていくためのサポートをしていく責任があるのです。

会社の役割というは、結局のところ一点につきると思うのです。それは、いかに職場環境を整えて従業員一人一人が生き生きと働ける会社にできるかということです。

人が生きていく中で社会があって、その中に会社という存在があります。だから会社は人が働くための器みたいなものだと考えています。経営者というのはその器に集まってきてくれた人たちが、気持ちよく、居心地がよい場所になるように、器を整えていくのです。

また、それによって、経営者自身にとっても、気持ちのよい働きやすい職場になっていくのだと思っています。

それがおのずと会社の利益や効率に繋がっていきます。

もちろん会社として利益を生むためには様々な仕組みが必要なのは事実ですが、突き詰めると、経営者一人ではなにもできません。従業員が力を合わせることで、仕事を成し遂げられるのです。経営者が一人で全てをできないからこそ、従業員を雇うのですから、当たり前と言えば当たり前の話なのですが、いつの間にかそのことを忘れてしまいます。

ならば、その従業員一人一人が力を発揮しやすい環境を作れば、結果として会社の利益や効率も上がるというのは当然のことです。

今、長時間労働など、ブラック企業の問題が取りざたされています。

その根本には、効率を上げるためには人を縛り管理することが不可避であるという常識が透けて見えます。しかし、それも仕方のないことかもしれません。そうすることが会社経営においては正しいことだと、ずっと信じられてきたのですから。

かつての僕もそうでした。

コンピューターが発達し、人間と機械をごちゃまぜにしてしまっているような気がします。生活における、いろんなことが機械化、オートメーション化していく中で、人の働き方まで機械的な視点で見るようになり、人を縛り管理する価値観ができ上がってしまったのかもしれません。

でも、もしその常識が間違っているとしたら、そしてその全く逆の方向、つまり信頼と自主性を大事にする働きやすい職場の先にこそ、思ってもいなかったプラスの循環があるのだとしたら、従業員を縛り管理する必要はなくなります。

始まる前に重視したのはコミュニケーション

働きやすい職場を作るうえで一番大事なのは、人間関係だと僕は思っています。

それは、従業員同士の間で、いかに問題や争いが起きないようにするかを経営者が考えるということです。

会社の中では、経営者や僕のような工場長がリーダーシップを発揮して従業員を引っ張っていくことになりますが、経営者やリーダーというのは、会社における人間関係の調整をできる数少ない存在だと考えています。

それなのに、そうした立場にある人たちが、自分にだけ居心地のよい職場にしようとしたり、楽をしようとすると、従業員もそれに引きずられるようにして自分中心の考えになり、無用な争いが起こるなど、不協和音が生じ始めます。リーダーの考え方、行動一つで、従業員の人間関係はいかようにも変わってしまうということを、ここ数年の実践の中で肝に銘じています。

フリースケジュールを始めるにあたって重視したのは、従業員と真のコミュニケーションをとるということでした。

それは、従業員と腹を割って話せる関係性になるということです。このことは、フリースケジュールに限らず、働きやすい職場を作っていくうえで重要なことです。とにかく自分も本心をさらけ出し、顔と顔を突き合わせて話をします。

従業員との面談自体は、石巻に会社があった頃からやっていました。

実際には面談というよりは調査に近い感覚でしたが、それでも、そこで聞くことには重要なことが多く、当時から直に話を聞くことの重要性を感じていました。自分が工場長になるということで、まずはみんなが考えていることを聞かなければという思いがありました。

全ての従業員と一対一の個人面談を行い、それでも足りない場合は二度、三度と時間を惜しまず何度でも面談し、自分から話すと同時に、従業員の話を聞くことも意識しました。

フリースケジュールが始まってからもこの面談は続き、それに加えて全体ミーティングも行いました。

これも長ければ一時間以上になることもざらです。僕が話している時間が長いのですが、一方的な押し付けにならぬよう、個別面談によってパートさんからもらった「どうしたら働きやすい職場になるか」についての様々な意見に、自分が考えていることも織り交ぜながら全体の声として伝えていきました。

もちろん、面談やミーティングは従業員の負担にならぬよう就業時間内で行っています。会議の時間が勤務時間外に設定されていたら、信頼して腹を割った話などできるはずがないと思いますし、会社のための意見を出してもらうのですから、これはとても大事な仕事の一つです。

また、個別に相談があるときなどは、ほかの従業員に分からないように、工場外での別の作業をお願いするかのような体で呼び出して話をするなど、細かなところまで配慮を重ねます。

そうした一つ一つの配慮や行為が従業員との信頼関係の構築に繋がります。

人は争う生き物である

驚かれるかもしれませんが、僕はあまり人間という生き物を信用していません。もちろん従業員個人のことを信頼して様々な取り組みを行っていますが、基本的に人間は争う生き物だと考えています。

無条件にみんなが仲よく平和な世界というのは、僕には想像ができません。なんの秩序もなく、みんなでお互いを受け入れ、笑顔でいれば平和になるというようなことは、現実的ではないと思っているのです。人間は自分の居場所を求めるために、争う生き物であるということを認識し、それを前提に秩序を作っていく必要があります。

争わないためにどうするか。そこが全ての基準と言っても過言ではありません。人間という生き物を信用していないというのはそういう意味です。

僕があまりに人間関係を気にするので、それを不思議に思うパートさんもたくさんいました。「そんなに気にしなくても、たぶんもう大丈夫ですよ」と。

しかし、僕は学生時代のアルバイト経験も含めて、様々な職場を振り返ったときに、社員の知らないところで起こるドロドロとした人間関係が、どれほど会社にとって悪影響を及ぼしていたかを、今になって感じています。

新人に必要以上に重圧をかけて自分の立場を優位にする人や、大人しい人に面倒な仕事を押し付けている人が、どこの職場にもいました。

僕はよくミーティングなどで「あの頃に戻りたくはない」という言葉を使います。

今がどんなによい状況でも、自分たちの考えや行い次第でいつでも簡単に争いの絶えなかった、かつてのような職場に戻ってしまう可能性があるのだということを、忘れないでほしいからです。

現在在籍している九人のパートさんのうち七人は、フリースケジュールを始める前から在籍している人たちですから、彼女たちもこの思いは共有してくれているはずです。

また、「あの頃に戻りたくはない」という言葉は、その当時の従業員を悪く言っているのではなく、そのような環境や人間関係にしてしまった僕自身を戒(いまし)め、忘れないために言っているということもあります。

今はパートさん一人一人が、気持ちよい職場環境を維持しようと努力してくれていることを日々感じています。工場長である僕は、あくまでも場を整える役目はできますが、最後のところで、本当に協力し合ってよい職場を作っていくのは、パートさん自身にほかなりません。それをみんなが自覚しているからこそ、この働き方が成立しているのです。本当に優秀な人たちが集まってくれたと思います。

また、現場において争いを生まないためには、まずは作業の根本的なところを統一し、曖昧なルールもきちんと線引きするようにしました。その際も品質のことを考えながら、パートさんの意見を反映していきました。

例えば「包丁の使い方」「掃除の順番」などの作業の細かな段取りを統一し、「朝の挨拶のタイミング」「室温が何度になったら冷房をつけるのか」「トイレに行きたくなったら誰に報告するか」など、作業には直接関与しない曖昧なルールに関しても明確に線引きしていきました。

人を縛らない働き方をする一方で、このように決めなければならないことは細かくルールを作っていくことも僕たちの働き方の特徴です。

そうするだけでも、パートさん同士の小さないざこざが減り、少しずつ工場の息苦しさが軽減され、その空気を敏感に感じ取ったパートさんが、少しずつ僕にも心を開いて自分が思っていたことや改善点なども含めて話してくれるようになりました。

ただし初期の頃というのは、職場全体としての雰囲気が大きく変わってはいませんから、前述したように、話がありそうなパートさんには、工場の外での仕事をお願いするように呼び出したり、僕と二人になるような作業を作ったりして、心を開いて話してもらえるような状況を設定してから話を聞く必要がありました。

もっとも、そうした険悪な雰囲気も職場の人間関係に問題があるから生まれていたもので、人間関係が良好になるにしたがって、少なくなっていきました。

このようにしてパートさんから話を聞き、少しずつ問題点を修正していきました。また、そうした修正は工場での作業だけでなく、人間関係にいたることも含まれていました。

例えばこんな感じです。

「AさんとBさんが隣同士で仕事を始めると、いつも話に夢中になってしまい、手が止まって作業が進まない」という話をあるパートさんから聞いたとします。こんなときは、まずはそれを鵜呑みにせず、ほかの人からもそれとなく話を聞いて事実確認をしたうえで、ミーティングではこう話します。

「作業中に仲のよい人とだけ隣同士になると、話に夢中になって手が止まっています。これから作業をするときは、場所を自分で選ぶのではなく、端から順に並んでください」と。

実際にある問題点と修正点を複合させながら、人を特定しないことで人間関係が崩れない言い方をするように心がけています。

もしここで「AさんとBさんは、おしゃべりばかりして仕事をしていない」なんて言い方をしてしまうと逆効果になってしまいます。

そんな身も蓋もない言い方をしてしまえば、きっと話をしてくれたパートさんは、それ以降僕に心を開かなくなるでしょうし、AさんとBさんも人前で注意され、さらに自分たちだけ名指しになることで、会社から気持ちは離れていくでしょう。たとえ自分が正しかったとしても、正義の暴力をふるわないことを心がけています。

　また、腹を割って話をすることが大事だとお伝えしましたが、そのためには経営者自身も、自分から先に本音を話すぐらいの積極性が必要です。駆け引きをするような中途半端なことはすべきではありません。

　駆け引きをするというのは、例えばこんな具合です。

　ここまで述べてきたとおり、会社が従業員を縛らないことでプラスの効果がたくさん出てきました。経営者サイドの僕としても、フリースケジュールをどうしても続けたいと思っています。ですからそれを皆に正直に伝えています。

　間違っても「フリースケジュールを続けようか迷っているけれど、皆の頑張り次第です」というような、言外に、「もっと一生懸命働かないと、フリースケジュールをやめてしまうぞ」とプレッシャーをかけるような言い方はしません。そんなことをしても、かえってモチベーションを下げてしまいます。このような駆け引きは、人を言葉で縛ろうとする管理者に典型的に見られるやり方です。

　とにかく顔を突き合わせて本心を話す。もしもパートさんが本心で話をしていないと思っても構わず自分は信念を持って本心で話す。経営者としてとても大事なことだと思います。

ルール作りは手段にすぎない

誤解をしないでいただきたいのは、あくまで「フリースケジュール」や「嫌いな作業はやらなくてよい」というルールは働きやすい職場を作るための一つの手段に過ぎず、結論ではないということです。

ですから、働きやすい職場を作るうえでフリースケジュールができるか、できないかだけを短絡的に考える議論は意味をなしません。また、僕たちの現在の働き方が最良であるはずがありませんから、もっと素晴らしい形や方法を見つけ出す会社や業種が次々と出てくると思っています。

僕たちの場合はフリースケジュールというものを作ったことで、信頼関係を築き上げ、それによって、働きやすい職場への第一歩を踏み出しました。

そうなると、さらに働きやすい形を求めて、社員とパート従業員が知恵を出し合って相乗効果を発揮することができるようになります。

これからまだまだ進化するであろう働き方に、僕自身も日々わくわくしています。

また、働きやすい職場というのは決して自分たちだけの中で完結するものではありません。パプアニューギニア海産にかかわる人や会社にも、プラスの循環が波及できないかということも常に考えています。うちの商品を買ってくださるお客様に貢献するのはもちろんのこと、僕らはもう一歩先を視野に入れ始めています。

例えば、小さなことですが実行したことの一つとして、配送業者さんとの関係があります。

僕たちの会社ではヤマト運輸さんと契約し、商品を冷凍で全国に配送しています。皆さんもご存知のとおりヤマト運輸さんでは細かな時間指定というものができますが、僕たちの会社では２０１６年12月から、無用な時間指定をしないことにしました。

具体的に言いますと、これまで商品の発送をする際に、お客様から時間の指定がない注文でも、指定ができるならと、なんとはなしに、全て「午前指定」にして発送していましたが、それをやめ「時間指定なし」という項目を選ぶことにしたのです。

なぜこのような取り組みを始めたかというと、偶然配送ドライバーの方のニュースを目にし、時間指定があまりにも集中すると非効率的な配送ルートを組まねばならず、それが運送業界の人たちを苦しめていることを知ったからでした。

時間を指定していながら、実際に配送してみると不在であることも多く、そのために、一日に何度も同じ場所に行くようなことが頻繁に起こっているようなのです。

無駄な時間指定がなくなることでルートに合わせた配達が可能になれば、ドライバーさんの負担は軽減され、逆に在宅時間が限定されているような、本当に時間指定が必要な人にはより正確に届くようになるはずです。

ヤマト運輸さんとうちの会社の関係においては、配送を依頼している僕たちがお客となりますが、一方で、配達をしてもらっているからこそ、うちの事業が成り立っているとも言えるのですから当然の改善です。

「こちらはお金を払っているのだから、とことん我が儘を通す」そんな価値観はもう古いのではないでしょうか。誰が上でも下でもなく、協力して働きやすい職場、会社、社会を作っていけたらと思っています。

人は自由だと働かないのか

フリースケジュールの話をすると、いろいろな質問を受けるのですが、大抵の人が「自由にすると出勤しない」という前提のもとに質問をしていることに気づきます。

しかしそれは違います。自由にしても人は来ているのです。そこを前提にしていないので、はじめは僕の回答が腑に落ちないようです。

この制度を取り入れて約四年が経過しましたが、出勤人数がゼロ人だった日はたった一日だけです。しかも、その日は、なにか特別な行事がある日でもなく、天気も普通で、偶然が重なっただけのようでした。

パート従業員がたった九人の工場でも、四年間で一度だけですから、これがもし十五人とか二十人いたなら、ゼロ人になる確率はもっと減っていくでしょうし、出勤人数ももっと平準化されるでしょう。


ここで一つ、僕が出勤人数がゼロ人にならない理由として、経営者目線でシビアに考えていることがあります。それはパート従業員が時給制であるということです。

一時間あたりで決まったお給料をもらう人が、むやみに休むでしょうか。パートさんは、自分自身の生活があって、その生活の中で必要な金額があって、だから就職して働こうと思ったはずです。

当たり前ですが、時給ということは、出勤して働かなければ、お給料がもらえません。それならば週に五日稼働している工場であれば、パート従業員がたった九人でも、出勤人数がゼロ人になる可能性は限りなく低いと考えるのが妥当です。これは信頼ではなく、確率の問題です。

では、これが固定給の社員だったらどうなのか。僕自身も興味のあるところではありますが、まだうちの工場でも、社員に対してはフリースケジュールを導入していません。

今社員は僕を含めて二名しかいません。この状態で自由に来てもいいよと言っても、ルールが生かしきれるとは思えません。もし、実際に休むことがあれば、下手をすれば会社の鍵を開ける人すらいない状況になります。これは会社のルールとして破綻しています。このような現実性のない自由なルールを作っても、従業員の士気は下がるだけです。

ただ、うちの規模がもう少し拡大し社員が増えたときには、工場の稼働を週五日から六日に増やし、日曜のほかにもう一日好きな曜日に休めるようなシステムにすることはできるのではと考えています。

それができれば、社員も子どもの授業参観や学校行事にもっと積極的に参加できるでしょうし、趣味の幅も広がりそうです。

今は有給休暇でなんとか対応していますが、パート従業員だけでなく、社員にとっても働きやすい形にできるように努力したいと思っています。

「できない。はい終わり」ではなく、どのように変化させればいいのか、どう改善すれば少しでも働きやすい職場に近づくのか、今ではそれを考えることが、僕自身の人生の楽しみにもなっています。

争い事をいかに減らすか

僕と従業員の信頼関係の構築が重要なことは繰り返し話してきましたが、それと同じく

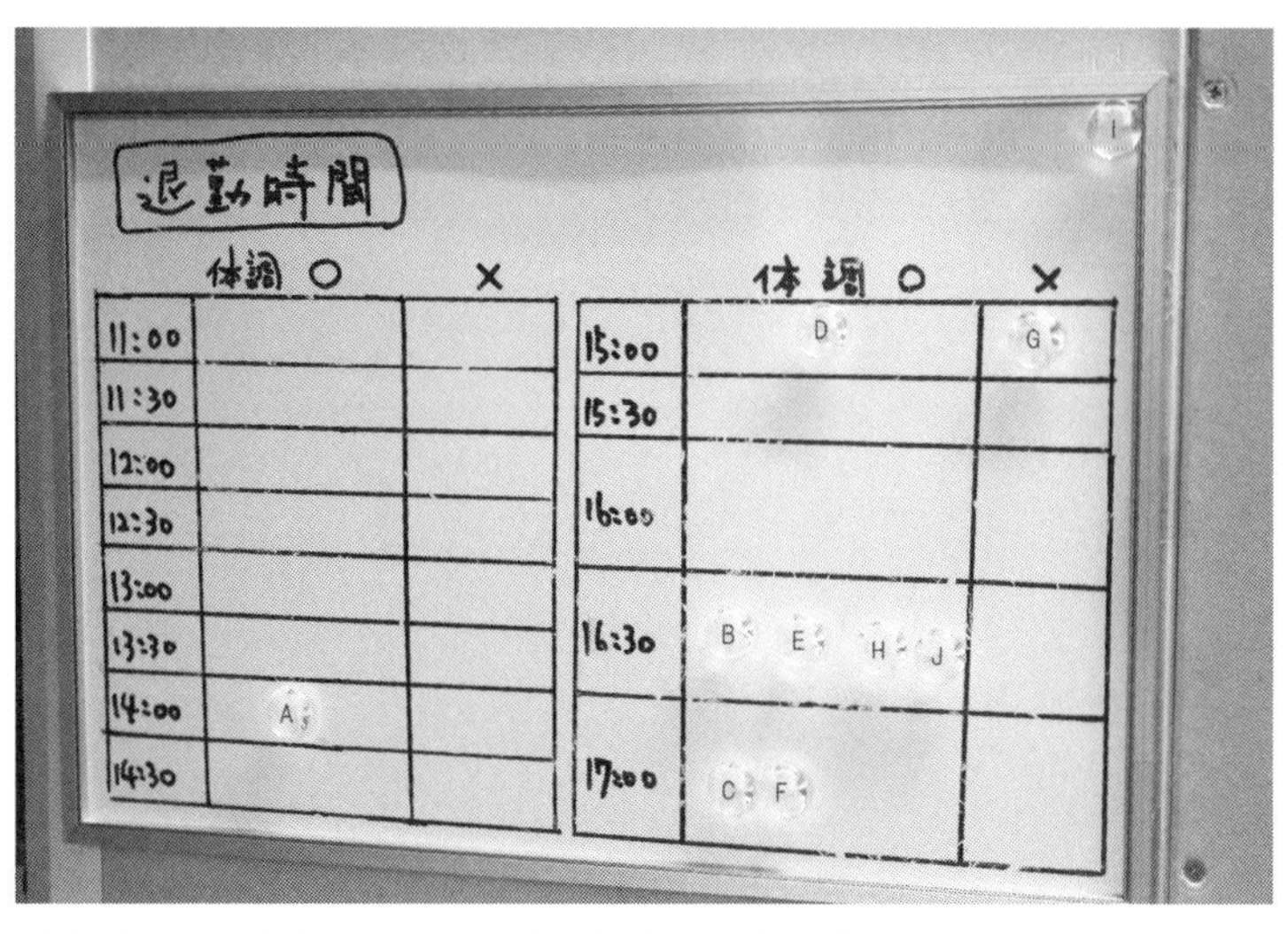

工場の入り口に設置されたホワイトボード。体調と退勤時間がわかる

らい従業員同士の関係も大事です。

　そのためには風通しのよい職場環境を作るとともに、従業員同士がお互いのことを助け合える土台のようなものを作ることが重要です。

　その一つとして、出勤したその日のお互いの体調が分かるように、工場の入り口にはホワイトボードが置いてあり、体調がよい人は○の欄に、悪い人は×の欄に自分の名前が書いたマグネットを置いてもらうようにしています。

　好きな日に出勤できるといっても、生活のためには、ときに自分の体調が悪い日にも無理をして出勤するようなこともあります。

　そのときに「○○さんは、今日は体

調が悪いようだ」というのをみんなが分かっていれば、もしその人がいつもよりも作業に時間がかかったり、ちょっとした機転がきかなかったりしても、「今日は体調が悪いから仕方ないよね」と思えます。

しかし、もしそうした情報が共有されていなければ「○○さんは、今日はサボっているな」とか「楽をしてずるいな」といったふうに思ってしまう可能性が出てきます。

そんなことは、口で言えば済むことだと思う方もいるかもしれませんが、体調が悪いということを、遠慮して言い出しづらい人もいます。そういった人でも気兼ねなく自分の体調を伝えることができるようにと、この方法を採用しました。

面談の中で、パートさんたちが、もし家庭や健康面でなにか問題が起こったときに、会社に迷惑をかけてしまうのではないかと気にかけてくれているのを知りました。また、心配事があって大変なときでも頑張って働き、逆にこちらが心配になってしまうようなこともありました。そういったことを知って、会社としてなにかできることがないかと考えた結果でもあります。

ここで僕が少し気を使った点は、体調が悪い日にだけマグネットを置くような仕組みにしなかったことです。マグネットを置くという行為自体が、自分の意思を主張するハードルになる人もいるはずです。

それならば○でも×でもマグネットを必ず置くようにすれば、そのハードルが下がるのではないかと考えたのです。

その成果なのかは分かりませんが、×の欄にマグネットが置いてあるのをよく目にしますし、体調が悪いことを知ってもらえているだけでも、少し気が楽になるとのパートさんの声もありました。

また、経営的な面からも従業員同士の争い事をなくしたい理由があります。

社員が二名しかいない小さな工場では、パート従業員だけが工場内で働いているような状況が一日の中で長時間あります。その時間にパートさんたちがどう働くかが会社にとってはとても重要なのです。

社員が工場内にいるときは、誰もが一生懸命に働くかもしれません。しかし、社員がいなくなった途端に態度が豹変するパート従業員を、僕は今まで嫌というほど見てきました。いや、実際にはこの目で見ることはできないので、正確に言えばそういうパート従業員がいるのを多くの人から聞いてきました。

でも、それは会社も悪かったのです。

職場環境が最悪で、働いている人のことを考えていない会社にいれば、誰だって仕事をサボりたくもなるでしょうし、豹変したくもなるでしょう。

それならば、パートさんたちがそんな気持ちにならないような職場にするのが、僕たち社員の仕事なのです。そのための重要な第一歩が、従業員同士の信頼関係の構築、もっと言えば従業員同士の争いをなくすということだと考えています。

現場が教えてくれること

今は9時から11時ぐらいまでの二時間と、14時前後の一時間に、僕はパートさんたちと一緒に工場で仕事をしています。

この約四年間は毎日のように工場に入っていますし、特に、工場長になったばかりの頃は、なんとか職場環境を変えようと、意図的に工場に張り付くようにして作業をしていました。そうすることで、ようやく僕は現場の苦労や問題点が見えてきました。

現場に入るというのは、ただ工場に入り作業を監視するというのではありません。一緒に働き、同じように作業をするということです。それまでは、パート従業員がなにか工場のことについて指摘してくれたとしても、実際に現場で作業をした経験が乏しい僕には、問題の本質を理解することができませんでした。そんな僕に本気で職場や仕事のことを相談する人がいなかったのは当然です。

工場長になって僕は現場に入り始めましたが、もちろん営業や経営者としての仕事もありますので、一日中工場にいるわけではありません。一方でパート従業員は日々その仕事を繰り返し行うことで、プロフェッショナルになっていきます。工場長という立場にいる僕ですが、おのずとパートさんたちのような熟練した技術がないことが露呈することになりました。

しかし、それを恥ずかしいと思わずに、隠すことなく、それぞれの仕事をまっとうしてこそ現場に入る意味というものが出てくると考えています。僕は実際に作業をすることで、何がルールとして必要で、何を自主性に任せるべきかを判断しています。あくまでも僕の仕事は工場長として職場環境を整え、全体の効率や品質を上げていくことなのです。

ですから工場での作業において、熟練したパートさんに技術で上回らなければならないという考えは僕にはありません。

もう一つ、現場に入ることで見えてきたことがあります。それは自分の会社の商品の本質です。

現場で一緒に作業をすることで、営業として会社にかかわっていたときには見えづらかった、自分たちの商品がどんな原料で、どういう過程で作られているのか、どういうよいところや、悪いところがあるのかという、商品の細部が見えてきました。それを知ることができたのは会社の経営的にも大きいことでした。

景気がよいときはなんでも売れるし、少しぐらい効率が悪くても利益に繋がるので、そうしたことは見過ごされがちですが、今のように不景気で物が売れない時代には、それぞれの商品のオリジナリティーのようなものが重要視されます。そんな中で、現場を知らないと、こうしたことに気づくことができず、営業一つ満足にできないのではないかと思います。

一週間の現場研修など短期的なものではなく、長い期間現場に入らないと見えてこないものがあるのです。

逆に言えば、現場で力を発揮する営業がいるということは、会社にとって大きな強みであり、それこそ僕らのような中小企業が、独自性を示すチャンスでもあります。

ビジネス書などを読んで分かった気になり、形だけそのまま真似をしてしまうのはもっともよくないことだと思っています。実際はそれぞれの現場によって起こっている問題の本質が違います。それなのに、自分の目の前の現場に目を向けずに、他人の方法をそのまま鵜呑みにしてしまうのは意味がありません。

僕自身、宮城の頃は現場に入っていない状態で、○○方式などといった言葉に影響されて、「この作業とこの作業はこのルートだと10歩の節約になる」なんてことを、まるで人を機械の一部のように考えて発言していたこともありました。

職場に問題があると感じたときは、自分自身が現場に入り、そこで起こっている問題を自分自身の体で感じたうえで、従業員と心を開いて言葉を交わし、そこから解決するためなにをすべきか考えて、行動することです。

もしもビジネス書を読むとするならば、一つの会社のことを例に、そのよい面も悪い面も余すことなく教えてくれているものを選ぶとよいと思います。業種などは関係なく、その人の発想や考え方がヒントになるのではと考えます。この本もそんな本になっていたらいいのですが。

一緒にルールを考える

もし制度を導入したり、職場でのルールを作ったとしても、それを従業員が守ってくれなければなんの意味もありません。従業員にルールを守ってもらうにはどうすればいいでしょうか。

その方法の一つとして僕が行っているのは、従業員に「どうしたらよいと思いますか」という問いかけをして、一緒にルールを考え、作っていくということです。

どんなによいルールでも、経営者が一人で作ったものを次から次へと押し付けられるのは、現場にとって気持ちのよいものではありません。特に会社のルールは、経営者的な目線と従業員としての目線のバランスを取ることが必要です。だからこそ従業員は、自分たちで作ったルールであればこそ、気持ちよく守っていくことができるのではないでしょうか。

例えば、私語をどの程度許容するかという問題が工場ではよくあります。僕が工場長になってすぐの頃は、厳密さを要する商品の計量作業以外では、「いつでも私語ＯＫ」としていました。

話に夢中になって多少のロスがあったとしても、みんなが息苦しくなく働けるなら、そのほうが全体的な効率はよいのではないかと一方的に考えていたのです。しかし、あるパートさんとの面談で、僕の考えがいかに浅はかであったかを思い知ったのです。

「いつでも私語ＯＫ」というルールが、人によっては「いつでも誰とでも私語をしなければならない」というプレッシャーになり得るということが分かったのです。考えてみれば、人が十人も集まれば気が合う、合わないということがあるのは当然です。趣味が違ったり、子育てについての考え方が違ったりすることもあるでしょう。

気が合う人と作業しながら私語をするのは負担になりませんが、もし考え方の異なる人と作業が一緒になってしまったらどうでしょうか。決してその人が嫌いではないのだけど、趣味や考え方も合わないとなると、かえって「いつでも私語ＯＫ」というルールが苦痛になってきます。なんとか話題を考えても、日々のことだとそれも続きません。すると、気まずい空気が職場に流れ始めます。

その頃は、僕の考えがまだまだ現場の考え方に寄り添っておらず、「こうしたほうがいいはずだ」と勝手な先入観で判断していたことを痛感することになりました。

そこでパートさんに意見を出してもらった結果、いくつかの実験をすることにしました。「今までどおりいつでも私語ＯＫ」「私語ずっと禁止」「一部の作業は私語ＯＫ」など、いくつかのパターンを何日かごとに試してみたのです。

面白いことにこの実験のことを話すと、最初に指摘してくれたパートさんのみならず、ほかのパートさんたちからもあれがいいこれがいいと、様々な意見が出てきました。

僕はこの段になって、自分がよかれと思って作った「私語ＯＫ」というルールに、実はほとんどのパートさんが気まずさを感じていたのだと知りました。

また、パートさんたちもそうした気まずさが、あくまでも会話の合う合わないの問題であって、相手への好き嫌いの問題ではないからこそ、かえって、相手への遠慮や無用な争いを避けたいという気持ちが働いて、言い出しづらかったのかもしれません。

結局、試行錯誤の末に落ち着いたのは、「社員がいるときは私語ＯＫ。社員がいないときは私語禁止」というものでした。これも、あるパートさんから「社員がいないときは私語の量も内容も暴走するから、社員がいるときの適度な私語が仕事の面から考えても適切ではないか」という意見をもらったからこその結果でした。

まさに、現場の目線でバランスが取れたルールだと思います。
それと同時期にほかのパートさんからの提案を採用し、工場の中でラジオを流すようにもなりました。私語禁止の時間帯に無音が続くとそれも気まずい空気になるのです。ラジオからの音があるだけで、話をしなくても気まずさがなくなりますし、いい気分転換にもなります。それから数年が経ちましたが、今もこのルールでやっています。

もっとも、私語についてのルールに関してはうまくいきましたが、全てがいつも順調にいくわけではありません。問題が生じることもたくさんありますし、場合によっては問題が生じる可能性があると思っていても、あえてそのルールを採用することもあります。なぜなら、あえて問題を実感することで、このやり方だとこんな問題が生じるんだということを、身をもって体験することができるからです。

ですから僕たちはどんなルールも、効率が悪いと判断した時でさえも、その場で勝手に変えてはいけないと決めています。そして問題が出てきたときは、それを社員に報告し、問題点を全員で共有したうえでルールを変えるという手順を踏むようにしています。

人によっては、効率が悪いと判断できる状況であれば、個人の意見を尊重してその場でルールを変えるほうがよいように思うかもしれません。しかし、それを許容してしまうと、人間の性質として、自分に都合のよい判断で仕事のやり方を変えたり、人前で意見を言うことができる人の考え方に偏ったりといったことが出てきてしまうものだと考えています。僕は従業員を信じていますし、従業員同士が信じ合える職場を作っていきたいからこそ、そうした人間の本質を忘れないようにしています。

やってダメなら元に戻す

僕たちの取り組みについて話をしていると、「改革をすることは怖くないですか」という質問をよく受けます。工場に入る前はそうだったと思いますが、全てを管理し自分が一番ではないといけないという思いを捨ててからは、やって駄目なら戻せばいいとシンプルに考えています。子どもの頃の発想に近いのかなと思います。

例えば、出勤・欠勤日を自由にすることが定着し、次の段階として出勤・退勤時間も自由にしようと思っていたときに僕が言ったことがあります。

それは「さすがにこれは難しいかもしれないので、二週間だけの限定で行います。きっと元に戻すことになると思うけど、そのときは残念がらないでくださいね。この二週間が自由なだけでもラッキーと思ってください」ということです。

どちらかというと、元に戻すことを前提に話をしており、大きな退路を作ったうえで、スタートしました。予想に反してこの取り組みはうまくいきましたから、結局、元に戻すことはなく、今でも続いています。

ときには、午前中に思いついたことをその日の午後に実行するなんてこともあります。

とある年末の話ですが、その年はどうしても人手が足りなくなり、パートさんたちに「できれば今月はいつもより多めに出勤してほしい」とお願いをしました。

ここで短期のアルバイトの人を新しく雇うこともできるのですが、それにより、チームワークが乱れ、作業効率も品質もガクンと落ちる可能性があります。しかし熟練したパート従業員が出勤を増やしてくれれば、作業効率も品質もそれまでどおりに維持できるので、結果として会社にとっては利益の面でもプラスになります。

その月は、僕の求めに応じて多めに出勤してくれるパートさんが何人もいました。感謝すると同時に、ならばその利益は従業員にも還元するべきだと思ったのです。

今月いっぱいこの状況が続けば、会社にとって大きなプラスになると午前の作業中に考えた僕は、すぐに社長に掛け合って今月の時給を１００円アップすることを認めてもらい、その日の午後にはミーティングでパートさんに伝えました。

もちろんその翌日からは出勤数がさらに増えました。お客さんに対して欠品することなく、高品質なものを作れるのですから、時給が上がったことが理由で出勤人数が増えても僕にとっては純粋に嬉しいことでした。仕事にはそういう面もあると僕らは自覚しています。

この例はちょっと極端かもしれませんが、思いついたらまず行動してみるというスピード感が重要だと思っています。長々と考えて書類を作って会議をするよりも、まずは現場で感じた直感を優先して行動すること。そして、もし結果が悪ければ、元に戻せばいいのですから。

従業員のことを真剣に考えて作ったルールであれば、それを試すことだけでも価値があります。戻すかもしれないけれど、このルールを作ればみんなが働きやすくなるかもしれない、ということを従業員にも話しながら進めれば、それこそが大きな一歩ではないでしょうか。

遅いのは悪いことじゃない

僕は従業員に「早くして」と言いません。しかし「一生懸命やってください」とか「集中してください」と言うことはあります。似たようなニュアンスに感じるかもしれませんが、これは全く違う言葉です。

人には得手不得手がありますから、一生懸命やって遅いのは問題だと思いません。ちょっと違う見方をするならば、それも個性だと思っています。

しかし一生懸命やらずに遅いのであればそれは問題ですし、厳しく注意します。作業のよし悪しを判断する物差しは早いとか遅いとか、上手とか下手とかでなく、一生懸命やっているかどうかということなのです。

一生懸命なのかどうかを数字などで測ることは難しいですが、その人の働いている姿を見ればどのような気持ちで仕事をしているかは伝わってくるものですし、そこはパートさんを信用しています。

一生懸命やっているけれども遅い人に、「早くやれ」と言ったらどうなるでしょうか。精神的にプレッシャーとストレスを感じた従業員は焦り、余計に遅くなります。もしくは、無理やりスピードを上げるために品質が悪くなります。また、社員の前では一時的にスピードが上がったとしても、その後に反動がきて遅くなり、それを見たほかのパートさんが「あの人は社員のいる前だけはいい格好をする」なんて誤解を生んだり、「どうして工場長はあんな無理なことを言うんだろう」と反感を持ったりすれば、目も当てられません。

プラスのことがなにもないばかりか、調和を乱し、場合によっては自分も同じようなことを言われるかもしれないと、ほかの人までプレッシャーを感じるかもしれません。

また、「早くしろ」と言うのは、社員が自分のストレスの解消をしている場合や、怒っている姿を見せることで、自分はこんなに怖い存在なのだと見せつけて、地位を確立しようとしている場合もあります。そんなことをしても、職場全体の調和をなくし、従業員を委縮させるだけです。従業員を委縮させると、機械的な管理は楽かもしれませんが、それは会社の効率の面においてさえマイナスになります。

さらに、このようなことがパート従業員同士の間で起こると、職場環境は最悪なものになります。それを助長する制度が、パート長など、パート従業員の中で役職を作ることだと僕は思っています。

毎日出勤するわけではないパート従業員が人をまとめることは困難ですし、同じ立場であるはずの別のパート従業員から指示を出されることは、争いの原因になります。下手をすればパート長がほかのパート従業員から孤立させられる可能性もありますし、逆にパート長が権限を利用して、自分の好き勝手に職場を管理してしまう可能性もあります。

これは人が権力というものを持った際に、どうしても起こってしまうことだと思っています。ですから、うちの工場ではパート長という役職がありません。そこは工場長や社員が責任を持ってリーダーとして仕事をするべきだと思っています。

少し話がそれてしまいましたが、じゃあ遅い人がいたらどうすればいいのかというと、その人を急かすのではなく、その遅い人が少しでも早く仕事ができる、またその人が力を発揮できるような職場環境を整えるということが必要です。

例えば、作業面のちょっとしたことですが、作業台が高いものと低いものと二種類あるのですが、もし背の高い人が体に合わない低い台で作業をすれば、当然作業は遅くなります。そのときに、「作業台を入れ替わってください」と、立場的に指示がしやすいのは社員です。パートさん同士だと気兼ねして言いづらいこともあります。これを繰り返していると、自然と自分たちで入れ替わりやすい雰囲気になります。こういった些細な調整の連続が現場にいる社員の仕事なのです。

人間の好き嫌いは多様で重ならない

唐突ですが、僕は子どもの頃から掃除が嫌いで、工場の仕事においてもそれは変わりません。

工場では一日の作業の最後に、その日使ったボウルやまな板などの作業道具を手洗いするのですが、掃除が嫌いな僕はこの洗うという作業すら嫌いです。ですから、パートさんたちも嫌いだと思い込んでおり、特定のパートさんに偏らないように、かなり気を使いながら担当の配分を考えていました。

そんなある日、一人のパートさんとの面談で、僕がボウルを洗うのが嫌いだという話をしました。するとそのパートさんは、自分は洗いものが好きだと言うのです。普段から家でも洗いものが好きということではなく、彼女が言うには、工場ではずっとエビの殻をむくといった作業が続くので、一日の最後に道具を洗うのはいい気分転換になるので好きだということでした。

僕がこんなに嫌いなことを、好きだという人がいることに本当に驚きました。別のパートさんにも話を聞いてみると、何人かのパートさんが同じことを言うのでした。もっとも、全員が好きというわけではなく、僕と同じように嫌いという人も、もちろんいました。

僕はこの差に、なにか人が人らしく生きるためのヒントが隠れていそうだと直感しました。もしほかの作業でもこんなふうに好き嫌いが分かれるのであれば、先ほど出てきたような作業の遅い人が力を発揮できるような、もしくは作業の早い人がそれを率先してできるような、そんな仕組みができるのではと感じたのです。

そこで、工場の作業工程を細かく分類し、アンケート形式で個々人の作業の好き嫌いを書いてもらうことにしました。そのときの結果が次のページの写真です（写真①参照）。好きな作業には〇、嫌いな作業には×、どちらでもない場合は空白にしてもらっています。

その頃はフリースケジュールも定着し、僕とパートさんの間に信頼関係が築けている時

	袋入れ				計量					真空			配送	箱入	日付おし	シール貼	フライ包丁	セヌキ	パン粉	むき作業	箱開け	そうじ		
	200g mix	110g m	500g 殻付	フライ	200g ミックス	110m	500g 殻付	むき	フライ	200gミックス	110g m	むき										ポンプ	[illegible]	ぱんじゅう
A	○	○		○	○			○	○	○														
B	○	×	×	○	○	○		○	×	○	○	○	○	○	○	○			○	○	×			
C	○			×					×										○					
D	○		○	○	×	×	×		×	○	○	○	○	○	○	○		○	○	○	○			
E	○			○	○	○	○	○	○			○	○	○	○	○	○	○	○		×			×
F	○	○	○		○	○	○	○	○	○	○	○	○	○		○		○	○					
G			×					○	○	○	○	○	○	○	○									
H	○	○		○													○		○					
I				○																				

写真①　はじめて行った好き嫌いアンケートの結果

期でしたので、僕の意図を理解してくれているパートさんたちは、正直に思っていることを表に書いてくれたと思います。

結果としてわかったことは、僕が思っているよりも嫌いな作業（×印）は少ないということでした。なによりも、人の本質を物語っているこの表を見て僕は思わず微笑んでしまいました。人間の好みというのは多様で、嫌いな作業は重ならないのだと、このアンケートで改めて実感したのです。

そして、人の好き嫌いなんていうのはコロコロ変わるものですから、アンケートは二か月に一度くらいのペースで取っています。結果は毎回同じではなく、徐々に変わっていきました。

心配性の人には「もし全員が嫌いな作業が出たらどうするの？」と聞かれそうですが、これまで全員が嫌いな作業が出たことは、一度もありません。

もっとも、もし全員が嫌いな作業が出たとしても、そのときは仕事を全員に均等に振り分けたり、社員がやったりと臨機応変な対応をすればいいだけだと思っています。

好き嫌い表を作り、嫌いなことをやらないというのは、あくまでも働きやすい職場を作るための一つのパーツにすぎません。僕はこの表で重要なのは嫌いなことをやらない、もしくは好きなことを選んでいけるという、自主性を尊重したルールが人のやる気を増しているということだと思っています。僕はそこに会社が伸びる可能性があることを、感じ取ったのです。

このアンケート結果をもとに作ったのが「嫌いな作業はやらなくてよい」というルールです。

第一章でも述べたとおり、この取り組みによって、パートさん自身の精神的な負担が少なくなったとともに、自分が好きな作業を別のパート従業員が独占しているとか、楽な作業ばかりを選んでいるというような不公平感が軽減され、パート従業員間の作業における行き違いもなくなりました。

このことが「働きやすい職場」の実現において重要な、従業員同士の信頼関係の構築にかなり貢献したと思います。

嫌いな作業をやってはいけないことにした効用

その後の取り組みの中でさらに大きく変えたことがあります。

それは「嫌いなことはやらなくてよい」ではなく「嫌いな作業はやってはいけない」としたことです。

なぜやってはいけないことにしたのかを物語る一つのエピソードがあります。

パート従業員のAさんとの面談のときに、こんな話が出てきました。

「私は○○という作業が苦手であまり好きではないのですが、あとから会社に入ってきたので頑張ってやります」

しかし、今度はAさんより先に入社した熟練のパートBさんと面談をするとこんな話が出てきたのです。

「Aさんは私が大好きな○○という作業を一人で独占しています。とても自分勝手で困っています」

この状況を知って、なんともったいないことが起きているのだろうと僕は思いました。

Aさんは、ほかのパートさんのために、よかれと思ってその嫌いな作業をやっていましたが、その作業が好きなBさんはそのことを快く思っておらず、従業員同士の争いにまで発展しそうになっているのです。下手をすればAさんが退職するところまで進展しそうな勢いです。

こういうことは、会社だけの話ではありません。

地域行事や子どもの学校の役員やいろんな場面で、同じようなことが起きているように思います。嫌いなことを頑張ることで頭がいっぱいになってしまい、実は周りの冷ややかな状況にさえ気づいておらず、しかもそれが、本人の気づかないところで、思いもよらぬ人間同士の対立を生じさせていたりします。

これは、好き嫌い表を導入する前のエピソードですが、実際に導入されてからも似たような理由で「やらなくてよい」作業を、気を使ってやってしまうということが何度か起こっていました。これではかえって気を使うことが増えてしまい、好き嫌い表が逆効果になってしまう可能性すら出てきます。こうした状況を受けて、「嫌いな作業はやらなくてよい」ではなく「嫌いな作業はやってはいけない」とシンプルに禁止事項としました。

僕たちのエビ工場のような単純作業を繰り返す職場というのは、技術が向上していくと自分なりのコツやポイントが出てきて、やり方によってはその作業が苦でないどころか面白くなってくることさえあります。

僕はエビの殻をむく作業が一番好きなので、ラジオを聴きながらテンポよく殻をスルスルとむいていると結構楽しくなってきます。もし僕がパート従業員だったら迷うことなく好き嫌い表の全ての掃除の欄に×をつけて、エビの殻むきや、エビフライのパン粉つけを黙々と続けたいと思うでしょう。

しかし、好き嫌い表がなく、このあとに掃除をしなければならないとなると、エビを気持ちよくむくことがどうしてもできなくなります。嫌なことが気になって、好きなことに集中できないという経験はないでしょうか。

パートさんの話を聞いてみると、実際に出勤する日の朝に同じような気持ちになることがあったそうです。「今日は嫌いな○○の作業をやるのか」と思いながら重い気持ちで出勤するのと、嫌いなあの作業をやらなくていいんだ、と思いながら出勤するのでは、仕事をしていない普段の生活の中でも気持ちが変わってくるようです。

押し付けないから挑戦できる

こういった話をすると、「嫌いなことから逃げていては、人は成長できないのではないか?」というどちらかと言えば批判的な意見をいただくことがあります。

もちろん困難を克服することで、諦めない気持ちや耐える力といったものが養われる可能性があることは否定しません。しかし、そうした困難は他人や会社に無理やり押し付けられるべきものなのでしょうか。

自分でやると決めて、自分から立ち向かっていくからこそ乗り越えられるし、それを自分にとってプラスに捉えて、その後の人生にもよい効果をもたらしていく。他者からの強制ではなく、自分から気持ちを奮い立たせて立ち向かうことで、人ははじめて成長できるというのが僕の考えです。

人ってそういうものじゃないでしょうか。

これは僕の性格的なものかもしれませんが、嫌いなものを無理やりやらされて乗り越えられることなんてあるのだろうかと不思議に思うのです。

もし僕が掃除を無理やりやらされていても、いつまで経っても掃除を好きになることもないでしょうし、実際、過去に経験してきた様々な職場の経験を思い出しても、嫌いなものが好きになることはありませんでした。むしろ、ますます嫌いになることが多かった気がします。

しかし、これが自分でやるか、やらないかを決めることができるならばどうでしょうか。

もちろんすぐに気持ちが変わるということはないかもしれませんが、強制をされなければ、長く職場に勤める中で「ちょっとやってみようかな」という気持ちになったときに、自分から進んで挑戦するようなことが出てくるかもしれません。そのほうが、僕は人が嫌いなことを乗り越えていくイメージがしやすいように感じています。

また、人生の中で好きなこと、やりたいことが、本当は山ほどあるはずです。時間がなかったり、なにかに立ち向かうのに夢中で諦めたりしたことはないでしょうか。もし好きなことだけをやったとしても、やりきれるものではありません。

結局、人生の最後に、あれもできなかった、これもできなかったと後悔するのなら、やりたいことにどんどんチャレンジしたほうがいいと考えており、その感覚を、僕は仕事の小さな一つ一つの中にも生かしていきたいのです。


日本人には嫌いなことを率先して行うことへの美学のようなものがあるように思います。

また、困難なことに立ち向かい克服している姿に人は感動します。

ただ、もう少し僕たちの工場での作業について説明をすれば、一つ一つの作業はそんなに人生に大きくかかわるようなことではないということもあります。

作業自体は「エビの殻をむく」とか「エビのグラム数を量る」とか「パン粉をつける」とかそういったことなのです。

もちろんよい商品を作るうえで、そうした作業をおろそかにするつもりはありませんが、それこそ人生がひっくり返るような感じで「嫌いなことから逃げる気か!」と言われることにも違和感があります。

むしろこの一つ一つの作業をいかに気持ちよく作業するかで、仕事全体の効率を上げ、より品質のよい食べものを作っていくかが、仕事へのやりがいや楽しさでもあると思います。

僕らの工場では、「好きな人に譲ってあげる」という感覚を重視しています。好きなことであれば、やはり人は上手に、早くできるという当たり前の事実を、会社としての利益を追求していくうえでも大事に考えています。そして、なにより従業員が精神的な負担を感じず、働きやすいと感じてもらえることが重要です。

人は生きていく中でどうしても立ち向かわなければならないことがたくさんあります。そういったものがあるにもかかわらず、職場でもエビに立ち向かう必要があるでしょうか。あえて工場で嫌いなことに立ち向かう必要はなく、その分、個々の人生において立ち向かう必要がある場面に、存分に力を使ってもらえたらと僕は思っています。

全員が嫌いな作業が出てきたらどうするのか

次のページの写真が最新の好き嫌い表です（写真②参照）。

大きく変わったことは、「好き」「嫌い」「どちらでもない」のほかに「特に好き」という項目を追加したことです。

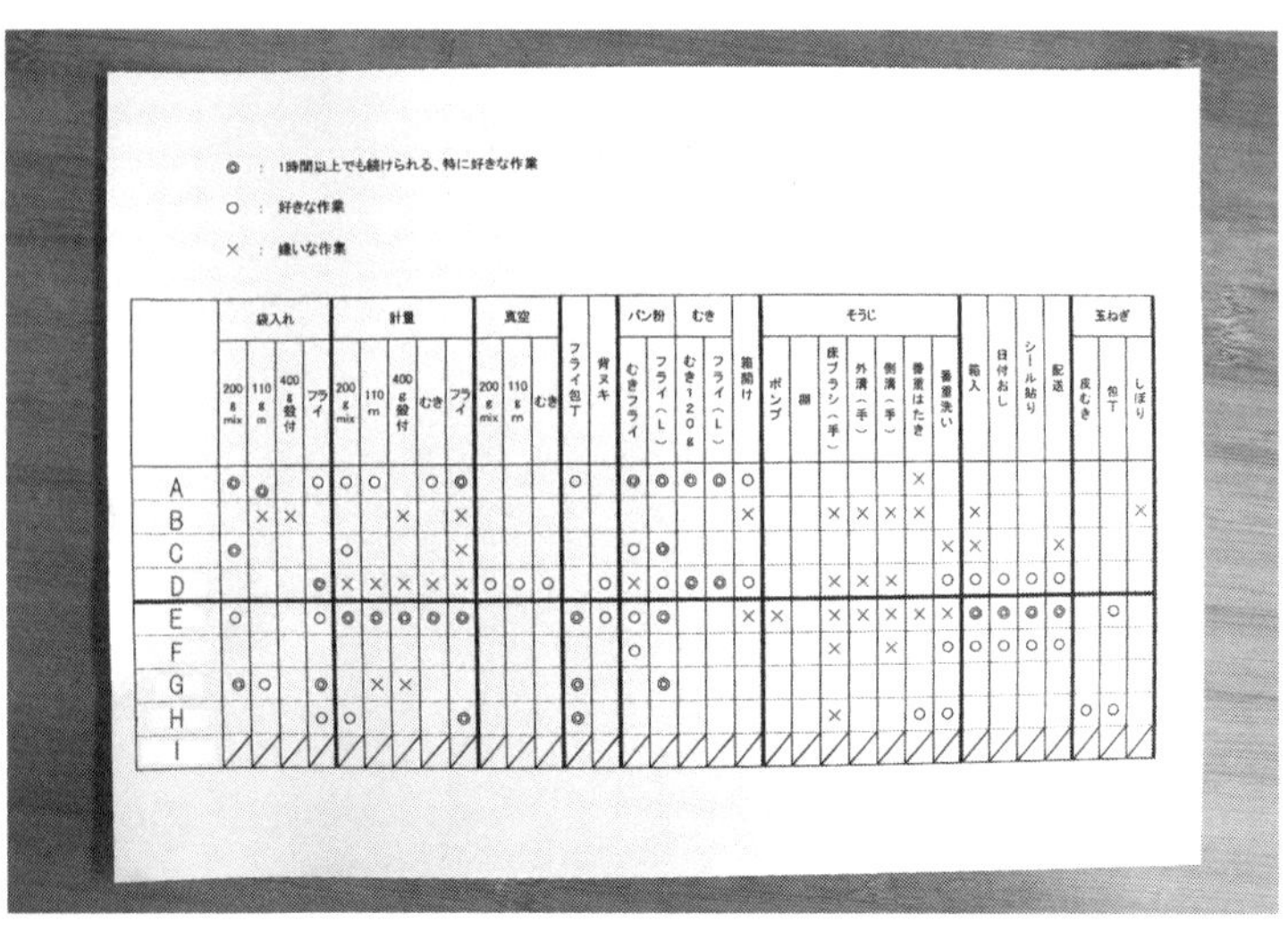

◎ ： 1時間以上でも続けられる、特に好きな作業

○ ： 好きな作業

× ： 嫌いな作業

	袋入れ				計量					真空					パン粉		むき			そうじ											玉ねぎ		
	200g mix	110g m	400g殻付	フライ	200g mix	110 m	400g殻付	むき	フライ	200g mix	110g m	むき	フライ包丁	背ヌキ	むきフライ	フライ（L）	むき120g	フライ（L）	箱開け	ポンプ	棚	床ブラシ（手）	外溝（手）	側溝（手）	番重はたき	番重洗い	箱入	日付おし	シール貼り	配送	皮むき	包丁	しぼり
A	◎	◎		○	○	○		○	◎				○		◎	◎	◎	◎	○						×								
B		×	×				×		×										×			×	×	×	×		×						×
C	◎				○				×						○	◎										×	×			×			
D				◎	×	×	×	×	×	○	○	○		○	×	○	◎	◎	○			×	×	×		○	○	○	○	○			
E	○			○	◎	◎	◎	◎	◎				◎	○	○	◎			×	×		×	×	×	×	×	◎	◎	◎	◎		○	
F															○							×		×		○	○	○	○	○			
G	◎	○		◎		×	×						◎			◎																	
H				○	○				◎				◎									×			○	○					○	○	
I	/	/	/	/	/	/	/	/	/	/	/	/	/	/	/	/	/	/	/	/	/	/	/	/	/	/	/	/	/	/	/	/	/

写真②　最新の好き嫌い表

　僕はどんなに好きな作業であっても、一時間もやれば嫌になるような飽きっぽい性格なので、工場においても、好きな作業でも一時間くらいやったら適度に仕事を交代するように言っています。

　しかし、パートさんの中には、二時間でも三時間でもエビの殻をむくのが苦にならないとか、できれば計量ばかりをやっていたい、という人たちがいることを面談で知ったのです。それならばと思いアンケートを取る際に、特に好きな作業には◎をつけてくださいと伝えたところ、適度に大好きマーク（◎）が出てきたのでした。

　これが加わることで、好きの意思表示である○が重なったときに、パートさん同士が譲り合ってしまうのを是正したり、◎をつけた人が、ほかの人に気兼ねなく好きなことを長く作業できるようになりました。

一方で、好きな作業は偏る傾向が出てきました。例えば工場内の作業で、唯一濡れずに作業するエビフライのパン粉つけなどは人気があるので、平等に配分する必要が出てきました。

パン粉をつけたエビフライは、一つのトレーに１００尾ほど並べていくのですが、現在は４トレー分を作ったら、続けたかったとしても、別のパートさんに交代するというルールになっています。

なお新しい好き嫌い表の一番下は、入社したばかりのパートさん（Ｉさん）の欄になっています。見ていただくとわかるように、現段階では好き嫌い表に参加していません。

重いものを動かすなど、体力的に難しい仕事についての好き嫌いは聞いていますが、まずは半年ほど全作業を経験してもらい、作業がどういったものなのかを理解してから、好き嫌い表に参加してもらおうと思っています。

これも、もしかすると僕の頭がまだ固いのかもしれませんが、作業をほとんど経験したことがない状態で、半ば思い込みで好き嫌いを決めてしまうことで、誤った判断をする可能性もあると思っているからです。

ここまできて、ようやく、好き嫌い表について話すときによくされる「全員が×の作業が出たらどうするの？」という質問への回答ができます。

まず大前提として全員が×をつけても問題はありません。前述したように全員が嫌いであれば公平に作業を分担してもらえばいいだけです。

じゃあこの表の意味がないかといえば、もちろんそんなことはありません。ほかの作業は好き嫌いが人によって違うのですから。また、「全員が嫌いな作業なんてない」と最初に考えていたことと整合性がとれなかったとしても、全体の改革をやめてしまうのはとてももったいないことです。全ての作業を枠にはめようとしないことです。

また、僕は現実問題としては全員が×をつける作業が出てくるとは考えにくいなとも思っています。それは実践する中で感じたことですが、×をつけて、その作業をやってはいけなくなるというのは、考え方によっては自分にとってリスクを抱えることにもなるからです。

例えば人気ナンバーワン商品の「殻付エビ２００gミックス」を作るのには「計量」「エビを袋に詰める」「真空機で封をする」の三つの作業しかありません。

ということは一つの作業を×にすると、残りの二つの作業を延々とやる可能性が出てきます。ですから安易な気持ちで×をつけることがあまりなく、自分が本当に嫌いなのかどうかを、全体の流れを見ながら自分自身でしっかりと考えているようなのです。

この自分で考え、自分で判断するということが僕はとても大切だと思っています。社会全体が、他者の価値観に左右されがちになっているように個人的には感じています。周りを気にせず自分の考えを大事に行動できることは、人が生きていくうえでとても重要なことです。

好き嫌い表の先にあるもの

試行錯誤を続ける中で今年になって一つの試みを行いました。

今まで好き嫌い表では30分以上継続する主要な作業に関してのみアンケートを取っていましたが、一日のうちに5分ほどしかやらない作業もいくつかアンケートに入れることにしました。さらに、その作業はあえて、多くの人が嫌いであろう作業を選んだのです。

これまではパート従業員が自分たちで率先して行ったり、社員が指示を出したりと、その都度対応をしていましたので、僕としてもとても結果が気になっていました。

工場の作業全てを細かくアンケートにすれば、きっと百や二百の項目ができてしまうでしょう。その一つ一つの好き嫌いを知る必要はないと思っています。そんなことをすれば、かえって管理型の思考回路に逆戻りしているようなものです。

あくまでも僕らが目指しているのは働きやすい職場への改革であり、嫌いな作業をやらないという一つのことを追求するためではないのです。

作業を細かく細分化することで、好き嫌いに偏りが生じることは容易に想像できます。それは肉体的・精神的にきついものが多いと思いますが、うちの工場で言えば水やゴミなどが集まる側溝の掃除。毎日掃除するとはいえ、ゴミが集まる場所であり、なんといっても低い位置にありますので、掃除の体勢がとてもきついのです（126ページの好き嫌い表にある、そうじの項目の中の側溝、外溝などがこれにあたります）。

このような作業を、みんながどう思っているのかを知りたくなったのです。

最初にアンケートに取り入れたときは、二人のパートさんが×をつけました。意外に少ない人数に、僕はこんなものなのかなと思っていましたが、作業の様子を見ているとどうも気になることが出てきました。

作業は×をつけてない人がやるわけですが、側溝掃除は作業の性質上、一日の最後にやることになります。そうすると、自然に17時まで働く特定の人たちに作業分担が偏ってきたのです。それを見て、連日この作業をやる人はきついのではないかと感じ、次のアンケートの前に「×は悪いことではありません。正直に書かないと意味がありません」と再度ミーティングで話してからアンケートを取りました。

するとで約半数の人が×をつけたのです。全員が×ではないにせよ、ここまでアンケート結果が偏ったのははじめてのことです。

一回目のアンケートの後に、作業が一部の人に偏ったこともありますが、パートさんの中には、まだ少なからず遠慮の気持ちもあったのかもしれません。

しかし、僕はこれでこそアンケートの意味があると思いました。みんなの気持ちをより反映した結果が出たのですから。

この結果によって、さらに働きやすい職場の実現に向け、僕がなにをすべきかが明確になりました。短時間の作業でも、多くのパートさんたちが負担に感じているものを見つけ、それをいかに軽減できるかを考えるということです。

今回の×が偏った掃除については、社員と「嫌い」でなかった（×をつけなかった）パートさん数人とで順番にやろうかとも思いましたが、一週間ほど前に面談したあるパートさんが「工場の床が少し滑るので、以前使っていた高圧洗浄機を床ブラシに使えないか」と話していたことを思い出しました。

表を見ていただくと分かるとおり、この床ブラシという作業も×が偏っています。以前はこの作業には高圧洗浄機を使用していたのですが、洗浄機の調子が悪くなり、それ以降はデッキブラシを使って手で作業をしていたので、どうやら体力的にきつかったようです。

そこで社員の岡村君（前工場長が退職後に入社）と、床ブラシにも「嫌い」が偏っていること、床が滑りやすくなってきたと意見があったことの二点を改めて相談して、新たに高圧洗浄機を購入することにしました。しかも、この高圧洗浄機は側溝や外構の掃除にも使うこともできるので一石二鳥です。みんなが嫌いな作業を少しでも改善していくのは会社の役目でもありますし、価格を調べたところ2万円ほどで購入できそうだったので、すぐに取り寄せました。

結果はといえば、僕はまだまだ頭が固かったようです。驚くほど床はきれいになり、掃除も短時間で手軽に行うことができました。これなら、人件費や水道代などを考えても2万円の出費がペイするのは一か月もかからないでしょう。

おまけに五人いた床ブラシが「嫌い」（×）な人の数がゼロになり、二人が「好き」（○）にまで変わったのです。この事実が発覚したのはこの本の出版の二か月前ですから、偉そうに執筆させてもらっていますが、本当にまだまだ従業員のことを考えきれていないなと反省しきりです。

こう考えてみると「嫌い」な作業というのは、僕たちの会社においても対応次第で減らすことができそうです。そして、職場環境が整っている状態で出てきた意見に会社として向き合うことは、効率を高め、無駄を省く結果になることが多いのです。

今回は経費がほとんどかかりませんでしたが、これから先は、もっと経費がかかるものも出てくる可能性があります。そのときは投資するだけでなく、お給料として従業員に還元する方法なども考えられるかもしれません。

欠勤時に一切の連絡禁止というポイント

ルールを生かすためのルール。これがなければ全てのルールが無駄になると言ってもいいほど重要です。

大層なお題目やルールを唱えても、それを従業員が本当に活用できるような環境になっていなければ意味がありません。

有給休暇などがその典型的な例だと思います。「有給休暇をパート従業員にも支給しています」などと当たり前のことを喧伝している会社に限って、実際には無言のプレッシャーでパート従業員が有給休暇を取得できない、なんていうことが多いようです。

ルールを生かすためのルールと言われてもピンとこない方も多いと思いますので、もう少し具体的に説明しましょう。

例えば、「好きな日に出勤してよい」というルールを生かすためのルールは「連絡の必要がない」ということです。もしも好きな日に出勤していいけれども、「休むときは必ずその日の朝に工場長に電話をしてください」となった瞬間に、この好きな日に働けるというルールは意味のないものになってしまいます。

連絡をする必要があることによって、管理されているように感じるでしょうし、そのことにプレッシャーを感じる人も出てきます。スムーズな使いやすいルールにはなりません。

さらに工場長が朝の電話で小さな舌打ちでもしようものなら、従業員は好きな日に休むどころか、日々、工場長の顔色をうかがいながら出勤することになるでしょう。

うちの工場では欠勤の際、電話もメールも一切連絡は禁止ですし、書類の提出もありません。

それでもはじめのうちは、何人かのパートさんが欠勤の連絡をしてきました。パートさん自身はよかれと思って連絡をするのですが、そんなときは「メールも電話も絶対にしないでください」と念を押すようにしました。

それでも連絡してきてしまう人には厳しく注意します。これは優しさで言っているのではなく、ルールなのです。連絡はしないと決めたのなら、してはいけないのです。

加えて、連絡をしないことを徹底したことは、工場長である僕にとっても精神的なメリットがありました。フリースケジュールを導入する前は、やむを得ない理由での当日欠勤は許容していましたが、その際には今とは逆で、必ず連絡をするようにパートさんにお願いしていました。そんなときは、理由があるとはいえ、来ると思っていた人が来ないという事実に少なからず負の感情を抱いていました。

パートさんは連絡することにプレッシャーを感じ、連絡を受ける経営者はそれをストレスに感じている。なんと意味のない負の連鎖でしょう。

しかし、今はパートさんが連絡してこないことがルールとして徹底されているので、僕がそうした負の感情を持つこともありません。はじめから分からなければ、気にする間もなく一日は過ぎてゆくのです。


連絡をするという一見当たり前のルールを取り去ることで、これほど精神的なストレスが軽減されるとは、自分でも想定していなかったことでした。パートさんが気持ちよく休むことができる一方で、工場長である僕も、精神的に余裕が出て、パートさんに気持ちよく働いてもらうための考え方の基礎が築かれました。ルールのためのルールを作ったことがさらに先へと繫がるきっかけにもなりました。

ルールを作るというのは、ある意味で人を縛るという側面を持つのも事実です。それならば本当に活用されるルールになってこそ、作る意味があります。働きやすい職場を作るためには、ルールを生かすためのルールがなくてはならないものなのです。

フリースケジュールのマイナス面

先日パートさんからこんなことを言われました。

「フリースケジュールはとてもありがたいのですが……自分の気持ちと日々戦うことになるのです」と。

最近気づいたのですが、1月や2月はパートさんの出勤率が悪く、出勤時間も全体的に遅くなっています。

どうやら寒いからのようです。朝の工場は冷え切っていますから室温が5度なんて日もあります。やっぱり朝からそこで働くのは精神的にも肉体的にもしんどいのです。

それを思うと、朝起きて、夫や子どもを送ったあとに、今日は出勤するか、しないかといった、自分自身との葛藤があるようです。曜日が決まっていれば行くしかない。しかし全て自分の判断に任されていると、ついつい甘えてしまう。しかも、時間まで自分で決められるとなると、その判断を延ばすこともできます。

ほかの会社で働いている人からすると、随分と贅沢な悩みのように感じるかもしれませんが、これは人間としての本能だと僕は思っています。もちろん、パートさんもフリースケジュールをやめたいわけではないのですが、この葛藤がもしかすると唯一のマイナスなのかな、と最近感じ始めています。

反原発の中で見えたこと

ドキュメンタリー映画の監督である鎌仲ひとみさんと出会ってから、僕の人生はがらりと変わったように思います。

これまでも、食べものを扱うという仕事柄、その食べものが生み出される環境のことなどについても、それなりに考えてきたつもりではありましたが、国策や政治に絡むような大きな問題にまでは意識がまわっていませんでした。

もともと、僕の母と鎌仲さんが知り合いだったこともあり、鎌仲さんが映画監督であるということは知っていましたが、どこか遠い世界の人のような気がしていました。自分自身が社会の問題に全くと言っていいほど興味がなかったので、接点がなかったのです。

しかしある日ひょんなことから、宮城で母や鎌仲さんと一緒に食事をすることになったのです。はじめて話をした鎌仲さんはとても真っすぐで、誠実でした。

そんな鎌仲さんがそのときに語ったのは、とてもつらい現実でした。詳細については、鎌仲さんの映画『ヒバクシャ―世界の終わりに―』をぜひご覧になってほしいと思います。

それをきっかけに僕の心の中に原発や核燃料サイクルといった国策に対しての疑念が湧

き上がってきました。

特に気がかりだったのは、僕の暮らしていた石巻から北に行った青森県六ヶ所村にある核廃棄物再処理工場のことでした。

この工場は単純に言えば、原子力発電所から出る使用済み核燃料からウランやプルトニウムを取り出す工場なのですが、なんとその過程で海や空気中に放射性物質を放出するというのです。

僕たちの会社はパプアニューギニアの天然エビを原料にした商品によって、自分たちの生活を成り立たせています。そのエビは海に暮らしていますから、海を汚さないために、また食べものとしての安全性を確保する意味でも、工場では海への影響が大きい合成洗剤は使わず、無添加石けんを使うようにしています。それなのにこの再処理工場は海に放射性物質を捨てるというのです。

国や事業者（日本原燃）は、放出される液体や気体については、事前処理と安全確認のうえで放出し、海や空気によって希釈されるので人体には影響がないとしていますが、海に生きる生物たちには影響がないのでしょうか。風に乗って流された放射性物質はどこへいき、植物や動物にも影響はないのでしょうか。さらに言えばそれを食べる僕たち人間には影響がないのでしょうか。そもそも希釈して問題がないならば、どんなものでも、海と空に捨ててよいのでしょうか。

そうした問題をはらんだ、再処理工場を稼働させることはあまりに無責任で早計だと感じ、僕は見過ごすことができませんでした。

そんな中で同じく疑問や怒りを持った多くの人たちと勉強会や講演会、ときには音楽イベントや自治体への申し入れなどを、仕事の合間をぬって行っていました。

メディアなどの論調を見ていると、反対運動という言葉で一括りにされてしまうことが多いのですが、実際に現場にいると、サラリーマンや学生、主婦や飲食店経営者、学校の先生、漁師にサーファー、公務員など非常に多種多様な人たちが、個々に感じる危機感の中で現場に来ていることを感じました。

当然ながら、こうした活動は無報酬ですから、それぞれ立場の異なる人が、自分の参加できる時間で、自分の得意なことを、自分のできる範囲で貢献することによって活動が成り立っていました。

例えば、デザインの仕事をしている人が講演会のポスターを作ったり、コンピューターが得意な人がＨＰを作ったり。あるいは、仕事を退職した人たちが、平日のイベントの受付をするといった具合です。

今考えると、この中にフリースケジュールや嫌いな作業はやらなくてよいといったルールのきっかけとなるヒントがたくさん詰まっていたように思います。なにより自分が正しいと思うことを大切に、物事を柔軟に真摯に捉えて、自分の言葉で発信していくということの大切さを学びました。

この活動の中で忘れられない一つの決断があります。核廃棄物再処理工場が海に放射性物質を放出するという問題を真剣に捉えて、一緒に動いてくれたのがサーファーの人たちでした。

勉強会に参加してくれたり、彼らが主催するビーチクリーン活動の際に、再処理工場のことを話す機会を設けてくれたり、僕が企画したイベントの手伝いまでしてくれたのです。そんな中で、僕は彼らが大好きなサーフィンというものに興味を持ちました。

ある日、本当に軽い気持ちでビーチクリーンのあとにサーフィンを教えてもらいました。僕はバイクが趣味なのですが、アクセルをまわして力を得るのとはまた違った、力強いけども優しく包み込むような波の感覚に、あっという間に魅了されたのです。自然が作り出す波の力に乗ることで感じる、地球との一体感は今までに感じたことのないものでした。

ここで一つ問題が出てきます。サーファーは海水を飲んでしまうことがあります。その点でも僕は再処理工場が放出する放射性物質の危険性を訴えていたのですが、もしサーフィンを始めれば、僕自身が内部被ばくをする可能性が出てくるわけです。

今なら引き返せるという思いもありましたが、かなり悩んだ挙げ句、サーフィンを始めることにしました。

僕らがやらなければいけないのは、正しいと思ったことを言葉にして行動していくことであって、間違っていると感じていることに屈して、人生の楽しみを諦めることではないと思ったのです。

さらに、今の働き方への取り組みと同じで、やってみて問題が出たらそのときに対処しようと考えました。もちろん、ここで言う問題とは内部被ばくのことではなく、もし再処理工場が本格稼働して放射性物質の放出を始めたときに、また考えようということです。このときの判断はその後の僕の人生においても、大きな指針になっているように思います。

ちなみに六ヶ所村の再処理工場はトラブル続きで、まだ本格稼働していません。しかし、国や事業者は本格稼働をいまだに目指しています。

今、復興に向けて東北は頑張っています。福島第一原発の影響と戦いながら頑張っています。それなのに今度は人が故意に放射性物質を東北にばらまくようなことがあっていいのでしょうか。僕は絶対に許せません。

ほかにもまだある働きやすいルール

先にあげた、「フリースケジュール」や「嫌いな作業はやらなくてよい」というルール以外にも、働きやすい職場を目指す中で導入したものがあります。ここではそのいくつかを紹介します。

［気持ちよく休憩時間に入るために］

うちの工場では12時と15時にそれぞれ休憩があります。従業員にとって、いかに無駄なく気持ちよく休憩を取れるかはとても重要なことであり、そのことが休憩後の作業の効率にも大きくかかわってきます。

例えば12時からのお昼休憩を例にとります。

工場では体が濡れないように、体をすっぽりと覆うような大きな前掛けをつけて作業をしています。休憩に入る際には、その前掛けをきれいにしたり、手を洗ったりといった一連の準備があります。この休憩に入るための準備をどの時間帯でやるかというのが、とても大きなポイントです。

うちの工場では、それを休憩時間としてカウントされる12時から始めるのではなく、まだ就業時間内として時給が発生している11時55分から開始しています。賃金が発生している時間であれば仕事として考えることができますから、余裕を持って休憩に入る準備ができますし、その分前掛けなども清潔な状態になりますので、衛生管理の面から考えても重要なことです。

ここで経営者の方から質問されるのが、11時55分に休憩の準備を始めて、就業時間内の

11時57分に準備が終わったら、残りの3分をどうするのかということです。

僕が逆に「どうするとよいと思いますか」と質問すると「とにかく12時まで前掛けを徹底的にきれいにする」「数分間でもできる別の仕事を用意する」などといった答えが返ってきますが、僕の場合はこの数分間をなにもしない、心に余裕を持って休憩に入るための時間と考えています。

ですから、僕たちの工場では11時55分に休憩の準備を始めたあとは、何時に工場を出ていこうが自由にしています。しかし就業時間内ではありますので、前掛けなどはきちんと清掃してくださいということだけはお願いしています。

これによって気持ちよく休憩に入れるようになりましたし、パート従業員同士の争いが減りました。

かつてはうちの会社でも12時まで作業をしてもらい、そのあとに休憩の準備に入ってもらっていました。当然ですが、12時以降の休憩時間に入ってから前掛けの掃除などが始まると、既に給料は発生していない時間ですから、少しでも早く工場から出ようと、数に限りがある水道の争奪戦が起こっていました。おのずと、新人や控えめな人はあと回しになります。

これはパート従業員同士の力関係が目に見える形として現れ、それが無意識に日常化していくという、いじめにも繋がる象徴的な問題でした。

こうした小さなことの積み重ねが、従業員同士の争いの火種となり、職場の雰囲気を悪くしていくものです。これも人が悪かったのではなく会社のシステムが悪かったのだと今は思っています。

現在は出勤人数が多い日にはパート従業員を二つの組に分け、5分ずらして休憩に入るようにしています。こうすることによって会社へのデメリットもなく、水道の争奪戦はさらに緩和され、一人一人の休憩に入るための準備の時間が、より確保されることになりました。

また、トイレにどうしても行きたい人は、10分前でも先に休憩に入ってよいというルールをスタートしました。もちろん仕事中にトイレに行きたくなった場合は社員に言えばトイレに行けるルールになっていますが、休憩の10分前などの微妙な時間帯ですとトイレから帰ってきたらすぐに休憩になってしまいます。

これだと、もしトイレに行きたいとしても、なかなか言い出しにくいものです。特に冬場は足元から冷えてきますので、みんなに比べれば作業時間が短い僕ですらトイレに行きたくなるときがあり、気になっていました。我慢するのは体によくありませんし、仕事の面からいっても集中したよい仕事はできません。それならばと思い始めたのが、休憩の十分前でもトイレが理由の場合は早めに休憩に入ってもよいというルールなわけです。

［人のことをやりすぎない］

好意でやっていることが裏目に出ることがあります。

例えば、工場でエビの殻をむいているとボウルにエビの殻がたまります。それを工場の隅に置いてあるゴミ袋に捨てるのですが、自分のボウルに殻がいっぱいになって捨てに行くときに、ほかの人の殻まで一緒に捨ててくれるパートさんがいました。これは親切心以外の何物でもないのですが、代わりに殻を捨ててもらっていた人は、別のことを考えていました。

「気持ちは本当に嬉しいのだけど、殻を捨てに行くときに、気分転換にちょっと体を伸ばして体操したいのに……」と。

作業中に体を伸ばすことを禁止しているわけではありませんが、それをみんなの前で堂々とできる人と、できない人がやはりいるのです。

これは性格の違いですから、それぞれのことを理解するのはなかなか難しいのですが、その話を面談で聞いてからは「殻は自分で捨てる」というルールを作りました。

もちろん殻を捨てるという一つの行為だけで判断するならば、特定の誰かが一度にまとめて捨てたほうが効率がよいでしょう。しかし、従業員同士の関係性や、個人のストレス、体のことなどを総合的に考えた場合には、それぞれが殻を捨てに行ったほうが働きやすい職場となり、総合的な効率はよくなると判断したのです。

工場の中にはこういった例が山ほどあります。ですから、自分のことは自分でやる。人のことは好意からの行動であってもやりすぎない。そういったことをお願いしています。

〔有給休暇の事前申請は不要〕

有給休暇の当月利用をできるようにしています。

一般的に有給休暇を取ろうとする場合、事前申請が必要となりますが、うちの会社では、休んだあとからでも、有給申請を可能にしています。

例えば、5月20日に休んだ場合に、月末2日前の5月29日まで有給申請が可能です。こうした方法をとっても本来は会社にとって、なにも不都合がないはずなのですが、管理することが日常的になると、前もって言わなければならない、前もって書類を提出しなければならないといったルールになっていることが多いように思います。

どうせ有給休暇制度を使うならば、従業員にとって最大限に有効に使ってもらうことが働きやすい職場にも繋がります。

〔忘年会はやらない〕

忘年会を三年ほど前からやめました。

水産業界は12月がもっとも忙しく、工場もいつもより多めに稼働します。この時期は、パートさんにも少し多めに出勤してもらえるようにお願いしていますし、社員もいつもより帰宅時間が遅くなったりします。そんな状況でも、これまでは毎年律儀に忘年会を行ってきました。正直、僕自身は社会人になってから一度も忘年会を楽しみにしたことはなかったのですが、世の中の流れに無意識に乗っていました。

幹事は忙しい仕事の合間をぬって出欠を取り、みんなの要望を聞いたうえでお店を探して予約をする。パート従業員も全額ではありませんが自分でも会費を負担し、家族に子どもの面倒をお願いし、家族が食べる夕はんを作り、疲れ果てた体を引きずって、ようやく忘年会に参加するなんてことが起こっていました。

今のところ、忘年会をやめたことについてパートさんから復活を望む声もありませんし、もしみんなが親睦のために飲みたいのであれば、自分たちで開催するでしょう。もちろん、復活の希望が出てきたら、そのときはまたみんなと相談して考えたいとは思っていますが。

一緒に酒を酌み交わすことで、本音で話し合えることもあるといったことを言う人もいますが、もし酒を飲んでアルコールの勢いでしか本音を言えない会社であるならば、まずはそこが問題であるということに気づくべきです。

失敗したルール

僕はこの本では、正直にうちの工場の働き方のよい面も、悪い面も発信していきたいと思っています。ここでは失敗した取り組みについてご紹介します。

［意見を紙で提出したら100円］

僕にとっては珍しいことですが、とあるビジネス書を読んで、その本に書かれていたことをそのまま真似したものです。会社によって特性が違うため、他社の例を、そのまま真似をしてもうまくいかないということを感じたのもこのときでした。

具体的には、自分の思っていることや意見を紙で提出してもらい、採用の有無に関係なく100円をそのパートさんに支払うというルールでした。うちでは一人一人と面談をして意見を出してくれているのに、わざわざこのルールを作ったのです。

これを導入すれば、もっといろいろな意見が出てくるかなという安易な発想ではありました。しかし結果としては、お金目当てで意見を出しているように見られたくないと、逆に意見が出てこなくなってしまったのです。

要するに面談で出てこない意見は、お金が絡んでも出てくるものではなく、逆に自分たちの職場を働きやすいものにしたいという思いを封じ込めることになってしまったのです。
これはルールとして失敗というよりも、パート従業員に対して失礼だったなと反省しています。

【定期的に体を伸ばす】

単純作業をやっていると体が凝るので、10時、11時、といったふうに、時間を決めて体をほぐす時間を作ろうとしました。どうしても周りの目を気にして、作業の合間に体をほぐせない人のために強制的にその時間を作ろうとしたのです。

結果は、逆にその時間以外に体をほぐす動きが取りにくくなってしまいました。

体が凝るのは時間でというよりも作業の種類などにもよりますから、決められた時間に定期的にやるよりも、思い思いの時間にやることに大きな意味があったのです。

【休憩室にもラジオをつける】

休憩室でも、ラジオを聴けるようにしました。工場同様、ラジオがいい気分転換になるかと考えたのですが、そもそも、おしゃべりができる自由な場所に、工場でも聴いているラジオが同じように流れている必要はなかったようです。

大した失敗例がなく申し訳ないのですが、結局現場に入って一緒に問題を考えていれば、あまり不都合なことが起きてくることはありません。ここに書いたものは、どちらかといえばパートさんの意見をあまり聞かず、僕の思い込みで始めてしまったものばかりです。

プラスの循環を作る新たな取り組み

この四年で新しい取り組みも始まっています。

地元で養鶏を始めた方にエビの殻を餌として使ってもらっています。

茨木市で養鶏を始めた、清阪テラスの横峯さんと知り合ったのが２０１３年の冬のことでした。

鶏をゲージなどに入れて飼育するのではなく、広い小屋の中でのびのびと飼育する平飼いにし、餌は竹の粉を発酵させたものや、腐葉土、野草を中心にした自家製飼料を与えているそうです。しかし、それだけでは動物性の飼料が足りず、なにかないかと探していたところ、うちの工場で毎日捨てている天然エビの殻の存在を、共通の友人に紹介してもらったというわけです。

船でも工場でも一切の薬品を使っていない天然エビの殻は、平飼いや自家製飼料にこだわった清阪テラスさんにはうってつけだったのです。

僕よりちょっと若い横峯さんは、話をしてみると環境や社会、食べものに関して自分なりの考えを持っていて、僕は直感で信用できる人だと好感を持ちました。

そして、彼と話をしている中で三つのポイントが僕の中で気になり始めました。

・朝と夕方の二回、鶏に餌をあげるが、昼間は空いている時間も多い
・まだ養鶏を始めたばかりで収入が安定しない
・週に数回殻を取りに来る

ちょうど工場ではフリースケジュールに取り組み始め、徐々に僕の中でも手応えを感じている頃でした。そんな中で、工場に人が一人増えても減っても対応できるのではないかという漠然とした思いがありました。

そこで試しに「じゃあ殻を取りに来る日にうちで働きませんか?」と横峯さんに聞いてみたのです。

うちの工場で働くことは、彼にとっては現金収入になり、僕たちにとっても、今まで捨てていた殻を引き取ってもらえるうえに、パート従業員として仕事もしてもらえる。こんなに素敵な循環はありません。なにより地元で食を真剣に考え、自ら取り組み始めた人を、少しでも支えられるならこんなに嬉しいことはないと思ったのです。

こういった繋がりを大事にするのも「働きやすい職場」を目指している会社が、社会に貢献するためには大事なことだと僕は思うのです。

また、2014年からは工場の前にあるうちの直営店で「清阪テラス」の卵の販売を始めました。地域において、食べものを生業とする人たちとこうして繋がっていくことに、経済的な意味でも未来への可能性を感じています。助け合う気持ち、協力し合う気持ちは会社の中だけに留まらず、繋がり合うことで地域や社会を緩やかに変えていくのだと実感しています。

このほかにも、音楽家の友人がツアーの間に三か月ほどうちの工場で働いたこともありました。新しい働き方を模索して、いろんなコラボを僕自身も楽しみながら挑戦していきます。

固定概念を取り払い、農家さんやアーティストや飲食店や学校やＮＰＯなど、いろんな人たちと協力していくことで、働きやすい地域作りができるような気がしています。

その先には、そうした地域で生き生きと働く大人を見て育った、元気いっぱいの子どもたちの姿があるはずです。

業種を超え、地域を超え、世代を超え、争いのないプラスの循環を作っていくことで、僕を含めた多くの人たちが、今社会に感じている不安や息苦しさから解放される、そんな世界が広がっていくことを夢見ています。

生活が豊かになってこそ仕事に集中できる

よく聞くフレーズかもしれませんが、僕は、私生活が充実してこそ満足な仕事ができると考えています。

当たり前ですがこれは社員だけの話ではなく、非正規雇用のパート従業員にも当てはまります。しかし、実際にパート従業員の私生活のことまで真剣に考えている会社はあまりないようです。

パート従業員として働く子育て中のお母さんが、出社する前に子どもや家族のお弁当や朝ごはんを作り、洗濯や掃除をしていること、仕事の帰りにクタクタになりながら今日の晩ごはんになにを作るか悩んでいることを、経営者や職場のリーダーは想像できているでしょうか。

子どもが体調を崩したときには事態はさらに深刻です。子どもが苦しんでいる姿を前にしても、明日は仕事を休むことができない。このプレッシャーの中で看病することは、精神的にも肉体的にもかなりの疲労を生みます。下手をすれば「なんでこんなときに熱など出すのだ」と、子どもを責めるような気持ちになるかもしれません。

可愛い我が子が苦しんでいる姿を見ながらそんなことを思ってしまったら、今度は自分を責める気持ちまで生まれてきます。

これが「熱が下がらなければ明日は仕事を休み、来週は多めに出勤しよう」と考えられるだけで、子どもに対してどんなに愛のこもった看病ができるでしょうか。

親の心のありように敏感な子どもにとっても、そうした看病を受けられることは大きな意味があるように思います。子どもにたっぷりと愛情を注ぐ環境があってこそ、親も人として成長することができます。きっと悲しい事件も減ることでしょう。

また、経営的に考えても従業員が仕事に集中できない状態で出勤することのデメリットをもっと把握すべきです。子どもが熱を出している状態で働いても集中できませんし、もし無理やり子どもを学校に行かせて、結局、学校からお迎えを要請する電話が入り、仕事を突然抜けるようなことになれば、ほかのパートさんにとってもよくありません。

もっと言えば、子育てばかりに目がいきがちですが、趣味や、自分の心や体をゆっくりと休ませるために必要な時間など、その人自身の日々の生活が充実しているかも重要です。会社の人を縛らない働き方によって、その余裕がちょっとでも生まれればと思っています。

まさにこんなことを書いている今日、通信制の学校に通っている方がうちで働くことになりました。勉強を中心にした働き方をしたいそうです。会社と従業員が、お互いを高め合うような可能性が広がっていくことを、本当に嬉しく思っています。

そんなふうに従業員に対して想像力を働かせられるようになると、体調だけでなく生活にまつわる家事や地域活動といったことにまで、会社としてなにか取り組んでいけるようなことはないだろうかと、考えることができるようになるはずです。

こうした取り組みをすると、会社が従業員のためにと思って作った制度を悪用して、ずるずると休み続けたり、やるべき仕事をサボって会社に不利益をもたらす人が出てくるのではないかと考える人もいます。

でも、果たして、従業員のことを親身になって考えてくれる会社に対して、あえて会社の不利益になるようなことをする人がいるでしょうか。僕は人の気持ちによる相乗効果というものを信じています。そして、もしも前向きに取り組む中で会社に不都合なことが起きたとしても、それはそのときに考えるようにしています。

事実、フリースケジュールを導入して約四年が経過しましたが、導入当時は予想していなかったこともいくつか起こっています。

例えば今、月に二日ほど出勤しているパートさんがいます。

フリースケジュール導入前は週に二、三日は出勤していましたので、それと比較すると激減しています。時給だから出勤数が激減するわけがないと思っていた僕の予想は完全に外れているわけです。

しかし、僕は特に問題と思っていませんし、彼女にもっと出勤するようにと話したこともありません。また、そんな彼女に合わせるために、会社が特別な対応をしているわけでもありません。それでも、工場自体はなにも問題なく稼働しています。

もし、そのことでほかのパートさんが気を使い、彼女の代わりに無理に多く出勤するようなことがあれば問題ですが、今のところそのような兆候もありません。そもそも、パートさんたちは出勤の曜日が決まっていないので、毎日出勤している社員以外には、誰が何日出勤しているのかを把握すること自体が難しいのです。

僕の想定外のことが起きたのは事実なのですが、僕が思うとおりに全てが運ぶなんてことはもちろん考えていませんし、問題があれば、その都度調整すればいいだけの話なのです。むしろ、今問題だと思っていることが本当に問題なのか、そのことを自分に問い直したときにこそ面白い発見があると思います。


効用のところでも述べたとおり、従業員が長い期間働いてくれることで会社への理解が深まり、技術も向上し、様々な細かな点に気づいてくれるようにもなります。ですから、パートさんに長く働いてもらうことが、会社にとっても重要です。

目の前のことでいっぱいいっぱいになるのではなく、長いスパンで物事を考え、人を育て、自分を育てる。そして当たり前のことですが社員もパートも同じ従業員であり、間違ってもパート従業員を取り換えのきく機械の部品のように考えないことです。時給であるがゆえに単純に時間と出来高を比較し、費用的な考え方になっている経営者さんは要注意です。

ファンタジーなことを言っているのかという葛藤

語彙力のなさでもあるのですが、僕の考え方やフリースケジュールの説明を始めると「思いやる」とか「信じる」といった言葉を使わざるを得ず、聞いている人にどうにもふわふわとしたファンタジーな印象を与えてしまうようです。

きちんと文章を読んでもらったり、顔を突き合わせて話をしたりすれば、ほとんどの場合納得してもらえるのですが、ときどき自分自身でも、とてもふわっとしたことを話しているのではないかという葛藤があります。

まるで「人を信じることが全てさ」と言っているような、そんな感じでしょうか。立て前というか、本音で話していないと感じる人も少なくないようです。

一方で、この働き方について説明しながらいつも思うのは、僕たちがやっているのは学校や家庭で大人が子どもに教えているようなことと、なにも変わらないのではないかということです。

「人の悪口を言ってはいけないよ」

「自分が嫌なことは人にしてはいけないよ」
「焦らないで、ゆっくりでいいよ」
「好きなことをどんどんやりなさい」
「友達と順番にね」

そういったことを、僕たちは、経済活動の中心である会社でもやってみたというだけなのです。

しかし、子どもに教える当たり前のことが、大人の社会では、「そんなうまい話があるはずがない」、「おまえはなにかを隠しているだろう」とあり得ないことのように感じられてしまいます。

でも本当にそうでしょうか。もしそうならば、なぜ大人はそんな矛盾したことを子どもに教えるのでしょうか。

きっと大人はこの社会の中に諦めに似た矛盾や疑問を抱えているのだと思います。物や情報が溢れる一方で、管理された社会の中で生活し、疲れ果てていないでしょうか。

本当はみんなもっとシンプルに生きたいのではないかと思うときがあります。だからこそ、子どもと接するときだけは、せめて子どもたちには、みんなが信頼し合える幸せな世界を作ってほしいと、無意識に自分の心に正直に、こんなことを教えているのかもしれません。

第四章 エビと世界の意外な関係

体を作る食べものをまっとうに作る

いつから食べものにこんなに薬品や添加物が使われるようになったのでしょうか。それはエビも例外ではありません。

むきエビなんて、エビをむいて凍らせただけと思うかもしれませんが、スーパー店頭のエビパックを見てみてください。そこに貼られた一括表示の原材料欄には「調味料」だ「pH調整剤」だと、なにやらいろんな名前が並んでいませんか。

むきエビだけでもこうなのですから、エビフライにいたっては、大きく見せるためにあれやこれやと手を加え、エビそのものの形や味はどこかへ消え去っているものがほとんどです。もはや当たり前のことすぎて商品を買う消費者の側も疑問を感じなくなっていますし、絶対的に悪いことかと言われればそうとも言いきれないかもしれません。

しかし、同じ食べものを扱うものとして、僕の中にこうしたことへの大きな違和感があるのも事実です。

こうした状況が生まれるのは、食べものを作る側にも問題がありますが、自分への反省も含めて、品質や安全性よりも価格を追い求めすぎる、買う側にも責任がないとは言えません。もう少し自分自身の体への影響や、子どもへの影響を考える意識を持つことや、そのための政策がとられることを僕は願っています。

パプアニューギニア海産では薬品や添加物を使わないことはもちろん、機械に頼りすぎることなく、人の手で作業し、臨機応変に考え動くことで、品質や鮮度を重視した食べものを作ることを大事にしています。

エビフライを例に僕たちのこだわりのいくつかを説明します。


まずは手作業について。

エビの殻をむくのも、背ワタを取るのも、パン粉をつけるのも僕たちの工場では全てを手作業で行います。

機械を使わず、人の五感でチェックをしながら作ることが、品質を重視するうえでは欠かせないと考えています。

機械に原料を入れるだけですと、どうしても食べものという感覚が薄れてしまいます。手作業で作ることは、人の意志によって作業が進みますので、一尾ずつに神経を集中して、品質のよい食べものを作ることに繋がります。

一般的なエビフライでは、見た目を大きく見せるために、伸ばすという作業をしています。エビに包丁で切れ目を入れたあとに、力任せにエビを押しつぶしていくのです。すると不思議なことにエビは繋がった状態で細長く伸びていきます。そこにたくさんのパン粉をつけていくのです。

見た目は大きいけれど、衣ばかりでエビの食感も味もしないようなエビフライや天ぷらを、一度は食べたことがあるのではないでしょうか。

パプアニューギニア海産では、言ってみればこういった見た目や価格だけを重視するようなことはせず、食感を生かす程度のほどよい切れ目と、ほどよいパン粉をつけて、あくまでもエビ本来の味・食感・香りを生かします。伸ばしの作業をしないため、どうしてもサイズは小さく見えてしまいますが、美味しいエビフライができあがります。

本物を見分けることができる方法が一つあります。それは尻尾の大きさを見ることです。そこから、もともとのエビの大きさを想像してください。それが一つの目安になると思います。

もう一つ大事にしているのはエビフライに使う原料です。一般的には品質よりも価格が優先されるために、それに応じた原料が使用されることがほとんどであり、そうした視点からは、品質や鮮度を重視した原料にこだわることは稀です。

さらに本来必要のない原料は使わないように心がけており、とにかくシンプルにしています。

先ほど例にあげたような、食べる人がよく分からない薬品や添加物の名前が、パッケージの原材料欄に羅列されるような食べものにはしたくありません。

食べものは人の体を作るという考えのもと、子どもからお年寄りまでが名前を聞いて、パッと頭に思い浮かべることができる原料だけを使いたいと思っています。

例えば自宅でエビフライを作るとしたら、あなたはなにを用意するでしょうか。通常なら「エビ」「小麦粉」「パン粉」「卵」「塩」「胡椒」「水」くらいでしょうか。もちろんややこしい名前の薬品や、添加物を用意する人はいないでしょうし、〇〇エキスなんてものもいりません。


もしエビを大きく見せようとか、色を鮮やかにしようとか、とにかく安くしようとか、そんな気持ちが入ってくると、原材料欄によくわからない名前が並ぶようなおかしなことになってしまいます。

しかし、うちの工場ではそのようなことはしません。僕たちのエビフライの原料は「エビ」「小麦粉」「パン粉」「水」の四種類だけです。このような鮮度優先で、シンプルな原料のほうがおいしいということを実感しています。

先ほどから「こだわり」という言葉が何度も出てきています。

「こだわり」という言葉自体は宣伝広告などでも、消費者の関心を引く言葉として頻繁に使われますが、実のところその中身が明確にされていることが少ないように思います。

僕たちの会社では、この会社ならば僕たちの理念にもあった原料を提供してくれると思える会社や農家さんからだけ仕入れるということを「こだわり」の基準にし、パンフレットやホームページでもそれがわかるようにしています。

例えば小麦粉は、金沢市で有機大豆・有機米・有機野菜などオーガニック農産物（有機JAS農産物）や加工品を販売している金沢大地さん。醤油や大豆なども有名です。

パン粉は国内各地の農家さんと提携し、オーガニック（無農薬、無化学肥料栽培）農業を推進している岐阜県の桜井食品さん。オーガニックのインスタント麺なども有名です。

水はダムなどの大型公共事業に頼らない自立した地域経済を目指し、剣山系の山から湧き出る水を販売している徳島県のきとうむらさんといった具合です。

また、海産物を扱っている会社が海を汚すようなことをしてはいけないと考えています。ですから、僕たちは毎日の手洗いから、工場内での全ての洗浄までを福岡県北九州市のシャボン玉石けんさんの無添加石けんを使用しています。合成洗剤を使用せずとも、海産物の工場をきれいにできるというのが実感です。オーガニックや天然資源を謳うのならば、徹底的にそのことを追求してみたいと思ったのです。

現在の工場は市場の中にありますので保健所の出張所もあり、随時チェックもしていただいていますし、なにか困ったことがあればすぐに相談をするようにもしています。

嬉しいことに、保健所の方からも「パプアニューギニア海産さんは本当にきれいですね」なんて言葉ももらっていますから、手前味噌ではありますが、衛生面には自分たちでも自信を持っています。

人間の体を作る食べものを、まっとうに作る。

こんなこだわりを持った会社ですが、今のような形になるには紆余曲折がありました。

パプアニューギニア海産ができるまで

パプアニューギニア海産の創業は今から三十年前にさかのぼります。

天然エビ一筋で三十年やってきました。

水産業界でもエビだけを扱っている会社というのは少ないのですが、その中でも、パプアニューギニア産のみという、産地まで限定したエビを扱っている会社というのは、僕たち自身、ほかには聞いたことがありません。

なぜ今のような会社になったのかを説明するには、僕たちの会社の成り立ち、特に僕の両親について説明する必要があるでしょう。

それを知っていただくと、なぜ僕たちが食べものや環境、さらには働き方や生き方までをも大切にする会社になったのかも理解していただけると思います。

ここからしばらくは会社のホームページにも掲載されている、社長である父が執筆した小冊子「天然エビに関する正直な話」を参考にしながら説明します。

パプアニューギニア海産の創業者は武藤優、僕の父です。

父は、長崎大学水産学部漁業学科特設専攻科を卒業し、本来であれば大手水産会社のトロール漁船の航海士になるはずでした。

ところが、近い将来きっと英語の能力が必要不可欠になるときがくる、とのひらめきから水産学部漁業学科（四年制）卒業後、航海士の免状を取得するため、一年間の乗船実習を基本カリキュラムとする「特設専攻科」に入学するや否や、一年間の休学をして、渡米の資金を稼ぐために鮭鱒漁を行う水産会社の船団に潜り込んで働き始めたのでした。当時、船員の収入は陸の労働に比べてかなり高額だったそうです。

こう見ると、ひらめきや直感に従って行動するような僕の性格は、父親譲りのものなのかもしれません。

こうして約半年の間、極寒のベーリング海で働いたのち、陸に戻ってくると、親兄弟の心配も意に介さず、既に学生結婚していた母を半ば強引に誘って、ニューヨークのマンハッタンでの脱日本語生活という語学武者修行に出かけたのでした。

このために大学の卒業が一年遅れてしまい、さらに運の悪いことに、ときは第二次オイルショック。父の希望した水産会社の航海士の職は募集ゼロの時期でした。

しかし、ここでも気持ちの切り替えの早かった父は、これも時代の流れと状況を受け止めて築地の会社に職を得たところ、冷凍エビ課に配属され、これが縁で一生エビとかかわるようになったのでした。

冷凍エビ課に配属された父は市場の仕事柄、毎朝3時に起床する生活が続くことになりました。朝の早い仕事が辛くないと言えば嘘になるでしょうが、それよりなにより父を悩ませたことがありました。

市場の荷受会社は生産者から荷物を集めます。そして、そこから販売時に手数料を取ることで利益を得ます。そういったまさに市場が元来抱えている構造そのものに父は悩んだのです。

そして、生産者とマーケット（流通業者）との間には、決して埋めることができない大きな溝があります。

生産者にとっては、少しでも高い値段で買ってくれる人がよい人あり、流通業者はよい品物を少しでも安く出荷してくれる人がよい人である、と考えるのが自然です。

物の流れを単純に価格のみで考えるとこうなりますが、途上国のしかも第一次産品となると、ことはそう簡単ではありません。

というのも、途上国の生産には、資源はあってもそれを製品化する技術も資本の蓄えもないのが普通です。

結果として、必要があれば買い手の側が支援し、生産者はその支援のもと、技術を習得していかなければなりません。その反面、先進国（流通業者）から、途上国（生産者）への搾取構造は一層強まります。

言ってみれば、南北問題を背景に、買い手と生産者の力関係が決定されていたのです。場合によっては、生産者が流通業者の言い値で製品を売らねばならないというようなことが起こります。

そんな中でどういうわけか、父は生産する人たちの側に立った生き方を強く思考するようになり、再び親兄弟の猛烈な反対の中、勤めていた会社を退職して、今度は海外青年協力隊に参加したのでした。


僕と妹のことを母に任せ、ホンジュラスという国の途上国向け沿岸漁業開発プロジェクトに二年間従事。南北問題にかかわる中で、主として生産者サイドの立ち位置に身を置いて生きるという、夢の実現に向けて父なりの努力をしていたようです。

その後、国際協力事業団のパプアニューギニア駐在を経て、パプアニューギニア国ガルフ州政府水産公社（ガルフパプア水産）の要請を受けて、彼ら自身による日本における販売窓口としての日本法人設立に参画します。

これ以前はガルフパプア水産が、自立したエビトロール事業を行っていても、マーケティングに関しては日本の商社が握ったままでした。ですから、そのマーケティングに関しても自立を果たすために、彼ら自身による販売網を確立する必要があったのです。

このときに設立された会社がパプアニューギニア海産のもとになっています。


この会社の設立に際しては、日本の商社、水産会社からの資金援助を一切受けていません。

そして、日本側からは一切の資本参加を行わず、彼らが自立するために必要な技術指導、経営指導のみを行うという趣旨で事業の運営に参加し、商品の売買に関しては、現地の人たちの意思を１００パーセント尊重する形としました。

通常であれば、こうした形態はとられず、日本側から金も人も全てが準備され、商品は全て日本に出荷することを前提に、いわゆる現地合弁会社方式による開発輸入という形態で行われることがほとんどです。

言い方は悪いのですが、現地には利益を落とさないように、生かさず殺さず搾り取る、というのが経営の基本方針であり、いよいよ取るものがなくなるか、採算が合わなくなれば〝ＳＯＲＲＹ〟の一言で撤退するということが普通に行われていました。

こうしたやり方に違和感を覚えた父は、真に途上国の産業の育成と自立、そして発展を目指せる、生産者サイドに立った流通システムの開発に着手することとなりました。

技術指導・経営指導を行う一方で、現地の人たちが生産する第一次産品を、彼らの暮らしが持続可能な適正な価格で、日本の販売窓口として買い付け、それを国内の市場に販売していく。

言ってみれば現在で言うところの、フェアトレードのような取り組みを、父は始めたわけです。これが１９８５年のことでした。

とはいえ、流通システムの開発はボランティアではなく実業ですので、涙も出ますし血も流れます。ときには、生産する人たちの都合など考えない企業とも生き残りをかけて戦わなければなりませんでした。

また、現地の人たちの努力はもちろんのこと、国内マーケットサイドの理解と協力がなによりも必要不可欠でした。

幸いなことに、このような状況を理解し、東京・大阪・北九州の市場の人たちが、最大限のサポートをしてくれたことが、この事業の成功の鍵となりました。

こうしたサポートもあり、奇跡的にも現地の事業形態は、自立を果たすことができたのでした。

しかし、この話にはまだ続きがあります。

常識的に考えれば、これまで現地の人たちを支えるために最大限の努力をし、血のにじむような思いをしながら一緒にマーケットを開発してきたわけですから、これからはよきパートナーとして製品の入手に関しても心配事がなくなるはずでした。

ところが実際には、彼らは技術的にも自立し、商品としても国際マーケットで十分に通用するものに仕上がっているため、彼らとしては自由に買い手を選ぶことができる立場に成長していました。

結果的に、より高い値段を提示する買い手が現れれば、場合によっては安定したマーケットを捨ててでも、そちらに売るということを彼らは選択できたのでした。

もしそうなれば、僕たちの会社の存続は危うくなります。

父が目指していた現地の自立ということは、望んだこととはいえ、実はこういう一面も持っていたのでした。

途上国の人たちが自立して事業を行うということは、僕たちが想像できないほど困難なことです。そして自立したあとに、その関係を維持していくということはさらに困難なことだったのです。

ここ数年で、フェアトレードやオーガニック食品に注目が集まり始めていますが、こうした商品の価値を消費者が認識し支えてくださることはとても重要です。

それと同時に、こうした注目が集まる中で、どうか流行りだけ、言葉だけの商品に惑わされずに、ぜひその会社がやってきたこと、目指していること、大切にしていることを含めて見ていただけたらと思います。

でなければ、長く細々と頑張ってきた真面目な会社や生産者を、潰してしまうことにもなりかねません。本物がなんなのか、消費者の方々が見極めていただければと切に願っています。

話は少しそれましたが、こんなふうにして、パプアニューギニア海産は生まれました。

当然ながら、子どもである僕はこうした自分の両親や、会社の理念、考え方に影響されながら思春期を経て大人となっていきました。

小さな頃からパプアニューギニアの人たちが家に訪れ、言葉が分からないなりに、肌の色や宗教に関係なく人を見ていく心が育ったようにも思います。学生の頃は人種差別に対して疑問を持ち、映画や本で自分なりに勉強したのを憶えています。

同時に、途上国の自立というものが、ファンタジーのような綺麗事だけの世界ではなく、あくまでシビアなビジネスの世界でもあることを知り、その中で国を超えた信頼関係や人の繋がりの大切さを、肌身で感じていくことになりました。

会社が始まった頃は、まだ養殖エビというものはほとんど存在せず、天然エビが市場の主流でした。しかし、月日の経過とともに養殖エビが市場に溢れかえるようになってきます。

当然こうした養殖エビは、できるだけ計画どおりに、利益を優先した生産をすることを旨としていますから、結果としてエビを安い値段で市場に供給することが可能となります。

養殖エビの生産過程についてここでは詳述しませんが、一部では成長を促進するために薬品を使うなど、ビジネスとしての効率性を追い求めるあまり、食の安全の観点から見ると、僕たちとしては容認しがたい行為が行われているケースもあるようです。

そしてなによりも問題なのは、買う側の人たちにそのことが伝わっていないことです。養殖するときに使われている薬品や餌は商品のどこにも書かれていません。

いずれにしても、天然エビを大手市場にだけ販売していたうちの会社は、養殖エビの登場で市場での価格の仕組みに翻弄されることとなりました。

価格の安い養殖エビが市場に供給されることによって、天然エビの価格までも値下がりを始めたのです。

これには、会社の存続が脅かされるほどの危機感を持たずにはいられませんでした。

ここで活躍したのが母でした。

持ち前の明るさと人を惹きつける能力に長けていた母は、パプアニューギニアの天然エビが一切の薬品を使っていないことに目をつけました。

これまで原料として大きな水凍ブロックでしか販売していなかったエビを、一度解凍して少量ずつパック包装し、小売店に販売していくことを思いつき、新たな挑戦を始めたのです。そこに反応してくれたのが自然食品店や、地場の食べものを大切に考える宅配業者さんたちでした。

この方針転換が功を奏し、現在のパプアニューギニア海産は、市場への販売がゼロになっても、オーガニック業界への販売や通信販売がメインとなり事業を継続できています。

なぜ商品の価格に差が出るのか

天然エビを扱っていると、ときどきその価格差に驚かされることがあります。養殖と比べればもちろんですが、天然エビ同士で比べても少し差が出てきます。天然なら全て一緒というわけではなく、漁獲したあとにどんな作業や加工をするかによって、全く違ったものになるからです。

その理由について説明します。

結論から言ってしまえば、まっとうなエビを仕入れ、薬品や添加物に頼らず、人が動くことで鮮度や品質を保っているからです。

薬品や添加物を使わないことで、その分価格が下がるのではないかという考え方をされる方もいます。しかし、実際には薬を使わない代わりに、食の品質や安全性を担保するために相応の人件費がかかってきます。

人件費に比べれば薬品のほうがはるかに安いことは言うまでもありません。

しかし、値段を下げるためだけに、もっと言えば利益を追求するためだけに、人の健康にも影響があるかもしれないような薬品に頼ったり、商品を大量に作り出した結果として、人の口に入ることもなく廃棄されるエビが増えたりするのは本意ではありません。

私たちはまっとうなものを作り、限りある資源や命を無駄にならぬよう大事に食べてもらうことのほうが、人にとっても、会社にとっても大切であると考えています。

これは、エビだけでなく、食べもの全体に言えることでもありますが、本来僕たちの体を作る根源的なものであるはずの食べるという行為に対して、現代人は少し鈍感になりすぎているように思うのです。

人間の血となり肉となるのは、まぎれもなくその人が口にした食べものや水であり、さらに想像力を働かせるならば大地や空気でもあるはずです。

エビは鮮度が落ちてくると、酸化によって頭や殻から黒くなってきます。たしかに見た目は悪くなってきますが、これは「鮮度が落ちてきたよ」というエビからの重要な合図だと僕らは思っています。

しかし、残念ながらそれを隠そうとするのが、食品業界の現実です。

黒変防止剤と呼ばれる薬品を使って、酸化によってエビの殻が黒く変色するのを抑えます。養殖エビにも天然エビにも区別なくこの薬品が使われます。

その結果、見た目だけは立派だけれども、鮮度の低下した、一般的に想像されてしまう、臭かったり、味がしなかったりする、美味しくないエビがまかり通ってしまうのです。

こうした薬品が使われる理由は単純です。見た目さえよければ高く売れるからです。

しかし、当然ながらエビの鮮度が落ちていることに変わりはありませんので、食べる人にとって重要であるはずのエビそのものの味や安全性がないがしろにされています。

僕が知る限りでは、現在のところ天然エビでさえも、黒変防止剤を使っていない冷凍エビはパプアニューギニア産以外にありません。

僕は、鮮度が悪くなったものを薬品で隠すような現状や、そうした商品のほうが高値で取り引きされるという、今の食べものの世界に違和感を持っています。


ただ人にはそれぞれの考えがあり、大切にしているものも違います。

僕たちの考えが全て正しいわけもなく、それを押し付けようとは思いません。

しかし、そうした中でも、せめて食べる人たちが、正確な情報を得て自分自身で商品を選択できるシステムを、国や生産者が整えるべきだと考えています。

都合の悪いことを隠すのではなく、全ての工程を明らかにして、それぞれの生産者の考えや行動を知ってもらえるようにするべきではないでしょうか。

一括表記等についても、国による様々な規定はありますが抜け道も多いと感じています。結果としてそれを口にする消費者に、真の情報が伝わりにくい状況が起こっています。

僕たちが従業員のことを第一に考えて職場を整えたように、国も企業や経済のことだけでなく、同じように人を大事に考えてほしいのです。きっとその先には国が豊かになるプラスの効果が待っているはずです。

そしてなによりも、消費者一人一人が自分が口にしているものがなんなのか、問い直す時期に来ているのかもしれません。


僕らは総合的に社会に貢献できる会社であることを目指しています。

そして、パプアニューギニア現地の人たちも、僕たちも、会社として生き残っていく道を模索し続け、形を変えながら今後も継続していきたいと思っています。

そんな中で、僕たちの会社だからできることがあると思っています。

この三十年で培ってきた、地域や国というものを超えた、かけがえのない財産を僕らは得ています。それこそが東日本大震災で被災したあとに、なにがなんでも僕らは会社を再建しないといけないのだと、両親や家族と確認したことなのだと思います。

そのことに関しては言葉に表すのがとても難しく、いろいろな感情が交錯しています。

そもそも発展途上国というのはなんなのか。僕らはどこからの目線で、なにを正義としてこのことを語っているのか、といったことを思うこともあります。

以前にパプアニューギニアを訪れ、現地でエビトロール船に乗ったときに、船員たちが語った「俺たちは最高のフィッシャーマンだ。そしてこのパプアニューギニアの海は世界一だろ」という言葉が忘れられません。

パプアニューギニアのみんなとの交流

パプアニューギニアでは天然エビを獲りつくさないように、とても厳しい制限を設けています。例えば、稚エビが生息する陸から3マイル以内は禁漁区域に指定されていますし、エビ船の操業のためのライセンスは合計でたったの15隻にしか発行されません。さらに一年の三分の一の期間は禁漁期間となっています。

この禁漁期間を利用して、宮城に会社があったときは、毎年現地の乗組員が石巻の工場へ研修に来ていました。しかも一日や二日ではなく、アパートや下宿先に泊まり込んでおよそ一か月をともに働くのです。

彼らに、日本でエビが加工され販売されている様子を直に体験してもらい、さらには自分たちが獲ったエビが、どのような鮮度や品質で日本の工場に届いているのかを、実際に解凍して見てもらうことは大きな意味がありました。毎年二名ほどの乗組員がやってきて、僕たちとの交流の中で得た経験や知識によって、エビの品質もどんどん上がっていきました。

また、そうした交流を通して、彼らと僕らとでは、やはり文化や生活スタイルが全く違うということを、肌で感じることができました。

僕が今でも印象に残っている一言があります。それは僕が彼らに「日本に来てなにが一番びっくりした？」と訊ねたときの答えなのですが、「毎日多くの人が遅刻せずに時間どおりに来ることにびっくりした」と言われたのです。

その頃の僕はその言葉を聞いて日本人の几帳面さに得意げになっていました。

しかし今考えると、彼が言っていたことは、僕が今まさに懸念している日本の社会に蔓延する縛る働き方への警告をしてくれていたのではないかと感じることがあります。

きっと彼も褒めてくれていたとは思うのですが、そこに一種の違和感があったのではないかと思うのです。

人が生きるうえでの幸せとはなんなのか。ちょっと離れたところから日本や自分の生活を見てみることも必要なのかもしれません。

第五章
『生きる職場』の作り方

本当に働きやすい職場とはなにか

まず大前提として、自分の仕事のことを家族や友人に自信を持って話すことができなければ、心底気持ちよく働くことは難しいでしょう。

そのためには、自分たちの会社が利益を上げるだけではなく、社会や環境に対しても貢献できるように心がけていく必要があると思っています。これからどんな社会を未来に残していけるかを考え、行動してこそ、会社としての存在意義が出てくるのです。

食べものの会社でよく聞くのは、添加物をものすごく使っている会社の工場で働いている人は、自分の会社の商品は食べないという話です。

なぜなら、現場で働く中で、それがどのようにして作られているか、添加物をどれほど使っているのかを、嫌というほど見ているからです。僕は、そういう現場で働いている人たちの、仕事に対してのモチベーションが上がるとは思えませんし、従業員同士のコミュニケーションが気持ちのよいものになるとも思えません。

工場の中で働いている人が「こんな素晴らしい商品を作っているんだ」と自分が作っているものを、自分の友達や家族に、自信を持って話せるということが、仕事を続けていくうえで必要なことです。

効率だけを追い求めて、商品へのプライドをなくしてしまってはいけません。

そのうえで僕が大事だと思うのは、やはり人間関係です。

居心地のよい職場になるためには、上司や同僚や後輩との間に信頼し合える関係が構築され、助け合い切磋琢磨し、そして、ときにはそっと一人にしてくれるような配慮さえある。そんな心地よい人間関係であり職場環境であれば、本当に働きやすい職場となり、どんな仕事にもやりがいが出てくるはずです。

仕事に悩んでいる人の多くは人間関係や職場環境のことで悩んでおり、仕事の内容自体に悩んでいる人は意外と少ないように思います。それは社員であろうがパート従業員であろうが同じです。

ということは人間関係を整えていけば、世の中にある多くの職場が働きやすくなるはずです。

結局、みんな自分の環境や働き方に満足していないから、他者にプレッシャーを与えたり、自分が優位な立場になってコントロールしようと必死になるのです。個々人がその状況に納得して、働きやすいという環境にいれば、自然と周りも同じように考えて働きやすい職場になっていくはずです。

うちの工場で言えば、工場に入るときも出るときも、なにも気にせずにいられる。このタイミングで工場に入ったらみんなどう感じるかなというような、ほかの人の反応やその場の空気感をいちいち心配することがない。また、工場を出るときも今退勤したらみんなが陰でなにか言わないかなとか、なんか変な空気にならないかな、といったことを気にせずに、普通にお疲れ様でしたと挨拶して気持ちよく帰ることができる。そして翌日も同じように出社してこられる。そういうシンプルな繰り返しができていれば、働きやすい職場になっていると思います。

誤解のないようにお伝えしたいのは、働きやすい会社とは笑顔の溢れる、笑い声の絶えない、そんな会社のことではありません。朝礼でハイタッチもしませんし、お互いを意識的に褒め合ったりもしません。

そんな見せかけだけの仲よしごっこは、会社の外部に対するアピールでしかなく、従業員にとってはなんの意味もありません。

外への体面を気にしなくなって、はじめて職場環境改善のスタート地点に立つことができるのです。

そして、従業員が自分の私生活を大事にできることはとても重要で、それぞれの生活のスタイルに会社がピタッとはまっているような、溶け込んでいるような状況が理想的です。

働いていても、自分の体調はもちろんのこと、家族やペットやご近所のことまで気遣える余裕がある。自分の趣味や、友達や家族との時間も、仕事と折り合いをつけながら楽しむことができる。そんな生活を送ることに協力的な会社であることが、働きやすい職場にとって重要だと思っています。

結果として効率がついてきた

このことを声を大にして言うべきなのかとても迷いますが、僕ははじめから会社の利益や効率を求めて、働きやすい職場を目指したわけではありません。

東日本大震災をきっかけに、生産性を度外視して、この取り組みを始めたわけです。

フリースケジュールによって、好きな日に出勤できるようにしても、パート従業員がむやみに休むことはないという考えはありましたが、やはり前例がない取り組みでしたから、実際にはやってみないと分からない、というところもありました。

ましてや、それが大幅な効率アップになるなどとは考えていませんでした。

しかし導入してから時間が経つほどに、皆の顔や動きや職場の雰囲気が、よい方向に変わっているのを実感していましたし、その様子を見れば、数字を見るまでもなく効率が上がっていることはわかりました。また、実際にそれは数字にも表れていました。

その頃から僕の中でパプアニューギニア海産のこの働き方を、多くの人に知ってもらいたいという思いが膨らみ始めました。

この本の最初にも書いたとおり、好きな日に出勤して、好きな日に休めるならばそうしたいと思う人がほとんどだと思うのです。しかし実際にそんなことをしたら、会社も社会も成り立たない。そう思って、人間はお互いを縛り合って管理し合っています。かつての僕もそうでした。

しかし、これが違っていたのですから僕自身も驚きでした。

はじめから、効率を第一に考えていたら、管理する方向に向かっていたはずです。出勤日を自由にしたら効率が上がるなどとは、思いつくはずがありません。

それでも、ふと昔のような考えに戻ってしまうことがあります。

例えば、工場の繁忙期である12月は仕事に追われ、僕自身が余裕を失い、つい目の前の効率だけを優先し、全体のバランスを崩していることがあります。そんな時は、パートさんとの雰囲気がいつもと比べて悪くなり、職場全体からいつものよい波長がなくなります。僕自身もストレスを感じてイライラしますし、パートさんたちもそれに呼応してストレスを感じていたはずです。

幸いこれまでは自分でこの状況に気がつくことができ、僕が少し冷静になることで、元の状態に戻ることができましたが、気をつけていないと、本当にちょっとしたことがきっかけで、昔のような考え方に戻ってしまうのです。

「疑い」「縛り」「争う」ことが蔓延した世界で

自分たちが望む働き方をしたほうが、実は会社にとってもプラスだということが分かった今、働くことに苦しんでいる人たちに、ぜひ知ってもらいたいという思いがどんどん大きくなっていきました。

しかし、なかなかメディアも相手にはしてくれず、このままでは自分たちがやるだけで終わってしまう。そんな思いの中で僕は藁にもすがる思いで、新聞へ以下のような投書をしたのでした。

「好き」を尊重して働きやすく

会社員　武藤　北斗（大阪府　40）

私が工場長を務める水産会社では、子育て中のパートさんが主に働いています。彼女たちの働きやすさを考え、「好きな日に連絡なしで出勤・欠勤できる」という制度にして三年。各自の自主性が増し、効率や品質も上がりました。今では会社のためにも欠かせない制度だと確信しています。

今年から始めたのは「嫌いな作業はやらなくてよい」という取り組みです。人には個性があり、当然ながら好き嫌いや得手不得手も同じではありません。従業員へのアンケートでは、苦手な作業が偏ることなく見事に分かれました。各自が好きな作業に専念しても問題ないのでは、と考えたのです。

従業員からも「嫌いな作業をする不安がなくなり気持ちが楽になった」「夫や子どもとの時間を優先できる生活になった」と好評です。これこそ自分の仕事に誇りを持ち、人生を前向きに生きるこれからの働き方ではないでしょうか。

従業員の意欲は業績に繋がります。意思を尊重して利益を生むプラスの循環は、争いの溢れる世界を変えていく力があるはず。会社も世界も疑いあうこと、縛りあうこと、競いあうことから抜け出す時期にきたように思います。

（朝日新聞　2016年8月12日）

働き方の提案はもちろんのことですが、世界中で「疑い」「縛り」「争う」ことが蔓延し、そうしたことが会社や学校という日常にも平然と溶け込んでしまっている状況への、僕なりの問いを投げかけたつもりでした。

この投書を見た一個人の方がツイッターで呟いてくれたことがきっかけで、このあとの爆発的な広がりに繋がりました。

多くの人の心の中に潜在的にあった、働くことへの不安や、この世界への疑問が、僕たちのこの働き方をここまで広げてくれたのだと思っています。

自由になるとなぜ効率が上がるのか

ここまで読んでいただいた方には、もはや説明するまでもありませんが、会社の中でフリースケジュールのようなルールが成立しているのは、職場に信頼関係が築かれ、なおかつ、そのための努力を会社も従業員もできているという証拠です。

その状況下では、個々の自主性が増し、仕事に積極的に取り組むことができ、従業員同士のコミュニケーションも円滑になり、仕事の流れがスムーズになります。そして、それぞれが、前向きにもっと効率のために、品質のために、よい職場環境のために、できることはないかと考え始めます。

特に工場において、商品を作るパート従業員がこのような発想になってくれれば、当たり前のように会社の効率は上がっていきます。

最終的には、自由にすることが重要というより、自由にするための信頼関係を作る工程が重要なのだと思います。

そして人は自分が自由になったとき、ほかの人のことを気にしなくなります。自分が幸せなときに、ほかの人を不幸にしようとは思わないのと一緒です。そう考えると、権力をもつことと、幸せになることは違うのだなと、改めて感じることができます。

さらには、この自由を継続できるように自分たちで努力し、これを崩さないようにバランスをとり始めるのです。

ただし、新しい従業員が入るときだけは、僕は細心の注意を払うようにしています。バランスがとれている中に新しい存在が出現したときは、会社が主導して新しいバランスに調整していく必要があります。

また、これは僕個人のことになりますが、経営者の側にいる人間として、従業員の私生活や働き方をサポートできるのは、僕自身にとっても喜びとなり、同時に仕事というものが、どんどん僕の生活の一部になっていきました。

つまり、従業員の幸せと仕事が繋がったときに、今度は仕事と自分の幸せが繋がり、全ての境界線がなくなってきたのです。

僕はパプアニューギニア海産の仕事や理念が大好きだし、誇りに思っています。

しかし、やはり僕にとって一番大事なのは人、つまり家族であり、志をともにする仲間であり、従業員であり友達なのです。

パプアニューギニア海産の仕事や理念が、大事にしている人たちの幸せに繋がっていると感じられるからこそ、僕はこの会社でこれからも働き続けたいし、この理念を大切に考えていかなければならないと思っています。

家に帰っても仕事のことばかり考えていますし、休日はイベントに出店してエビフライを販売したり、お取引先のお店に遊びに行ったりします。そういう意味では僕は長時間労働をしているとも言えます。その働き方はブラック企業的な働き方と大差がないように見えるかもしれません。しかし僕の場合は、自分の考えや行動を優先できます。ときには、まとめて働くこともありますが、平日などに休むこともあります。また、一緒に働く社員に関しては週休二日で、毎日18時には退勤するようにしてもらっています。パート従業員がいくら気持ちよく働いても、その負担が社員にいくようではなんの意味もありません。

あくまで会社は従業員の働きやすさに心を砕き、そのために行動すること、それが前提にあって、そのうえで、はじめて個々の従業員が自発的にやりがいを感じて、仕事をするという状態であることが重要です。

管理することへの幻想

現場に入らないリーダーであればあるほど、机上の空論で、管理型のルール作りを推し進めようとします。

現場を知らないからこそ、自分の中で人を機械のように考えて枠組みを作り、そこに従業員を当て込んでいくのです。しかし実際には生身の人間ですから機械のように働けるはずはなく、あちこちに問題が生じてくることになります。

それは作業面だけでなく、人の心や体、職場の人間関係にも如実に影響を及ぼしていきます。

また、人を縛って管理するというのは、実は管理しようとする側にも大きなストレスが付きまとうものです。「なぜ仕事を休むのか」「届け出を早く出しなさい」といった一つ一つの感情が、管理する側にも息苦しさを生み出します。

管理すればするほど、そこに不具合が生じ、いつの間にか管理するための仕事に追われて本業が手につかないなどということも出てきます。そうなれば残業にもなるでしょうし、精神的にも肉体的にも疲労が重なります。

しかし、そのことを自覚していない人が多いのです。

人が人を必要以上に管理する中で、幸せを分け合うというのは難しいものです。会社であっても、家族であっても。

管理することに限界や苦しみを感じている人は、管理職としての見栄やプライドは一度脇に置いて、まずは現場に飛び込むべきです。昔は自分だって現場にいたんだという人も、その頃と今との違いに驚くことになると思います。また、新しく変革しようとしている職場の中で、古い考えに縛られている自分に気づくかもしれません。

しつこいようですが、表面を取り繕っただけの仲よし小よしの関係性は必要ありません。僕は職場で、パートさんとテレビの話などの雑談は一切しません。でも従業員が働きやすくなるような、会社にかかわってくる要素、例えば子どものこと、地域の活動のことなどは、必要と感じれば面談の中でもじっくり話したりします。

もちろん仕事のあとに飲みに誘ったりはしませんし、自分の生活を大事に優先してもらうことが大切です。

きっとその姿勢が従業員にも伝わり、会社の活力を高めていきます。

そうすることで、きっと一か月もすれば様々な変化が出始めていると思います。なにより驚くのは、管理することから解き放たれた自分が、仕事や従業員に対して前向きな気持ちで向き合っている姿かもしれません。

機能するルールを作る

現場の声というのは、会社にとって不都合な内容であったとしても大切なものです。そして、その声を本気で生かす努力をすることが経営者には必要です。ときには自由にし、ときにはルールを作ることもあるでしょう。この現場でのルール作りは第三章でも話したとおり、従業員と一緒に行うことがとても重要です。

もしも社長や部長なども口を出すなら、現場に必ず入るべきであり、逆に入らないなら現場の長に全てを任すべきです。

そして必ず現場の作業を自分でもやることです。ノートを持って偉そうにチェックするだけ、見ているだけ、横から口を出すだけ、それは現場の邪魔になるだけです。

もう一つ僕が重要視しているのは、従業員の行動を信頼したうえでのルール作りです。

簡単に言えば、従業員がサボることや、期待を裏切るというようなことを前提にしてマイナスのルール作りをしないということです。

もっと言うならば、経営者が勝手に妄想することで規制をして、従業員を縛るルールを作るのではなく、あくまでも従業員を信頼したうえでルールを作り、問題があれば、自分たちで軌道修正していくということです。はじめから信用されず、疑いの目で見られていては気持ちよい職場にはなりませんし、ルールもうまく機能していきません。

もちろん想像もしない問題が起きたり、トラブルが発生したりすることもあるでしょう。でもそれはそのときに考えればいいのです。

そして実際に起きた問題にどう対処するのかを、従業員とともに考えるのです。そうやって成長していくことができるのが人間なのです。

うちの工場で、出勤時間を自由にしたときのことを例にして説明します。

出勤時間を自由にしたら、工場の稼働時間が17時までなのに、16時に出社する人が出てきたらどうしようといった、まだ起こってもいないし、起こる可能性も低いことを延々と考えてルール作りをするのが、マイナスのルール作りです。

こういう前提でルール作りをすると、「好きな時間に出勤してもよい。ただし16時までには出勤しなければいけない」というような、中途半端に人を縛るルールを付け加えることになりかねません。

実際には、たった一時間働くために出社してくる人は、通勤時間のことなども考えるとほとんどいませんし、わざわざ会社に行く準備をして出社して一時間だけ働くのならば、別の日に一時間多く働くのではと思います。

そもそも、16時に出社するということは悪いことなのか。会社にとって不利益なのか。よく考えてみると、特に問題がないように思います。

縛らないルール作りをすると同様に、自分こそが縛られている価値観を見直してみることも必要かもしれません。

発想の転換こそが鍵

このルール作りからも分かるとおり、働きやすい職場を作っていくには、これまでの常識からの発想の転換というものがとても重要になります。

例えばうちの工場では出勤・退勤時間が自由ですから、午前中だけ働くパートさんなども出てきます。そのときに、僕がそのパートさんをどのように捉えるかということが鍵になります。

以前は、午前中だけ働いて帰ることを「自分の都合を優先させて楽をしている」と考えていましたが、今は「午後に用事があるのに午前は来てくれた」と考え方が変わったのです。これは無理に変えていくというよりも、従業員の働き方を真剣に考え、面談などで従業員の生活などが分かってくるようになると、自然と変わってくるものと思います。

もう少し大きな枠で考えると、フリースケジュールそのものの見え方も変わってきます。夫の扶養に入っているパートさんは、配偶者控除の103万円を超えないように働きます。もし曜日が固定されていて自由に休めない会社の場合、控除対象となる103万円を超えないように、少なめの勤務時間になるようにシフトを組まれるため、実際に受け取れる金額は103万円をかなり下回ることが多いようです。

しかし僕たちの工場では日にちも時間も自由ですから、自分の生活に合わせながら出勤・退勤時間を調整し、給与年収を103万円に限りなく近づけることも可能です。

そう考えると、出勤日数は減るどころか、増える可能性すら秘めており、当初多くの人が考えていた、自由にすると人が来ないのではないかといった、フリースケジュールへの負のイメージとは全く逆の結果が起こり始めます。その結果、僕たちの間では「出勤体系を自由にすると人が来ない」という考えから、「自由にするほど出勤しやすい職場になる」という発想に転換されました。

なによりこうした発想の転換を起こすためには、まずやってみることです。

実際にやってみると、それぞれの立場においての感情が出てきます。ある意味では、それが発想の転換に繋がるかどうかの答えなんだと思います。

考えすぎずに、これはいいかなと思ったことは、まずやってみて、その結果が出たときの自分の気持ちが、ポジティブなのか、ネガティブなのかを見極める。

僕はよく「なんでもポジティブに考えますね」と言われることがあるのですが、こんなふうに考えたら、結果をポジティブに捉えることができるなどという秘訣はありません。実際は、ポジティブに感じたことを素直に受け止めて、これまでの習慣にとらわれず、変えるべきものは変えているにすぎないのです。

できるだけシンプルに、子育てのように

働き方を考えることと、子育ては似ています。

本当は結構シンプルなことだと思うのです。縛らず、強制せず、自分の力を出せるようにサポートし、仲間や友達と仲よく協力する、そのためにちょっとした秩序を作る。そんな感じでしょうか。


僕は従業員に対して「早くして」と言わないのと同じように、子どもに対しても「勉強をしなさい」とは言いません。

もしそう言うことで、その場はしぶしぶ勉強をしたとしても、それは子どもの根本が変わったわけではありませんから、よい結果に繋がったとは僕は思いません。

高校受験をひかえた長男が、ユーチューブで動画を遅い時間まで見ていたときも、「11時ぐらいまでにしたらどう？」とかそんな言い方をして、勉強をするということにネガティブな感情を持たないように言葉を選びます。

誰だって、受験前にはユーチューブを夜中まで見るより、勉強をするか、翌日に備えて寝てしまったほうがいいことは、わかっているのですから。

親として子どもを育てるうえで、ただなにもしないで自由にさせるだけ、というのは僕には違和感があります。「やる気が出るように」「やる気が出てきたときに頑張れるように」、その土台をそっと作ってあげるのが親の役目だと思っていますし、それは職場でも同じだと思うのです。

結局、子どもの世界や学校で問題になっていることは、大人の世界が鏡のように映し出されているだけなのではないかと僕は思っています。

フリースケジュールにして働き方を変えることで、なにより家族が喜んでくれているとパートさんが話してくれました。協力し合える職場で心地よく働き、自分の心にもゆとりができ、家に帰ってからは家族との生活を楽しむ。みんながそんな生活ができれば、人を貶(おとし)めたり、いじめたり差別したりという気持ちが、生まれてこないと思うのです。

過去にはうちの職場でもいじめがありました。そして、いじめられていると悩んでいたパートさんが、いつの間にかいじめる側にまわっていたり、自分の子どもがいじめられないかと心配しているパートさんが、会社では人をいじめていたりと、そういった例もいろいろと見てきました。しかし、会社が働きやすい職場を目指して努力することによって、なくすことができました。

もし多くの会社でいじめや差別をなくすことができれば、その心地よさを実感した大人は子どもにも、心地よい社会や学校になるような知恵を与えていけるのではないでしょうか。

子どもの世界が、大人の世界の映し鏡だとするならば、今の大人たちはそのような知恵や心地よさを持ち合わせていないのかもしれません。子どもは大人の背中を見ているのです。

小さな会社だからできるのか

こんな取り組みをしていると「小さな会社だからできる」のだと言われることがあります。どうか、そんな理由で思考回路を停止させないでください。

まず「働きやすい職場を作る」ということで考えるなら、当然のことながら会社の規模は関係ありません。大きな会社でも、小さな会社でも働きやすい職場を実現することはできるはずです。

次に、フリースケジュールのことで考えると、やはり会社の大きさは関係ないと僕は思っています。大きな会社であっても、小さな組織の集合体なわけですから、ある程度、柔軟な運用の必要などはあるかもしれませんが、フリースケジュールを導入することは可能だと思っています。

一つの会社の中で、部署やグループを超えた信頼関係を築き、働き方を変えていこうという意思さえ共有できれば、僕らよりももっと縛らない効率のよい働き方ができるはずです。

しかも大きな会社であれば人数も多いですから、従業員一人一人の効率が上がりスムーズな流れができることで、その効果は小さな会社とは比較にならないほど大きなものになるはずです。そういう意味でも大きな会社が改革を始めないのは、本当にもったいないことだと感じます。

会社の規模のことと同じく、よく言われるのが「扱っている商品が冷凍だからできる」ということです。しかし、僕からすると、この点についてはもう少しシンプルな視点で見てほしいのです。

それは、パプアニューギニア海産は「食べもの」を扱っている会社なのです。

冷凍とはいえ解凍した原料は商品にしなければなりませんし、賞味期限や衛生面の問題、鮮度のことなど、時間的な制約がたくさんあるのです。

もし、扱う商品にこうした制約がなければ、もっと自由な働き方ができる可能性さえあります。

非正規雇用は悪いことなのか

ここ最近の政府が主導する働き方改革を見ていて思うのは、非正規雇用が悪者扱いされていることです。

子育てであったり、親の介護であったり、夢を追いかけるためであったり、様々な理由で月給ではなく時給という選択をした人たちが、なんだか悪者にされているような気分になります。

子育てがしにくいこと、働きながら親の介護をするのが困難なことなど、多くの人が生きるうえで困っていることの根本原因にこそ目を向けて、正規雇用であろうと非正規雇用であろうと、誰もが働きやすい社会を目指すべきではないでしょうか。

僕は非正規雇用のあり方を、フリースケジュールを導入してからずっと考えてきました。

なぜ月給ではなく時給という選択をしたのかを考えてみると、うちの場合であれば多くのパートさんが子育て中だったからです。それは既婚の人もシングルマザーの人も一緒です。子育てをしながら社員のように働くことが難しかったのです。

子どもは誰にとっても、かけがえのない存在です。自分の子どもだけでなく、友達の子どもも、テレビの画面に一瞬横切ったあの子どもも、世界中の子どもが等しくかけがいのない命です。

そんな子どもを育てているお母さんやお父さんに優しくない会社や社会に、なんの未来があるでしょうか。しかし今、子育てがしにくい世の中になっているのは明らかです。

ではそんなお母さんでもあるパートさんたちに対して、働きやすい職場を目指す会社はなにができるでしょうか。政府がなにかを変えてくれるのを待っていても始まりません。

きっとそれぞれの会社で事情は変わってくるでしょう。

しかし、根本的な考え方は一つだと思っています。

それは時給で働いている従業員が、それぞれの抱えている事情に対して、メリットを感じられる働き方に変えていけばいいということです。それこそ社員がうらやむほどのメリットを提供するのです。

それは不公平なことではありません、なぜなら社員とは給与体系が違うのですから。

さまざまな取り組みの結果、パプアニューギニア海産が子どもを持つお母さんに優しい会社になったのは事実です。しかし、お母さんだけではなく時給という働き方を選択したみんなにとって働きやすい会社にしようと努力しています。さらには、パートであっても、社員であっても、子育てをしながら働いていける道を目指さなければと思っています。

やるべきことはまだまだ山のようにあります。

そのままやるのが重要ではない

先にも述べましたが、「フリースケジュール」や「嫌いな作業はやらなくてよい」というのはあくまでも働きやすい職場へ向けての一つのパーツでしかありません。ですから、それをそのまま自分の職場に当てはめてできる、できないといった議論をするのはあまり意味がありません。

やらなければならないのは、自分たちの業種や会社で、従業員が働きやすくなるためにはなにができるのかを、現場での経験を生かして、まずは自分たちで考えて行動することです。

さらに、それが会社の業績にも繋がることをしっかりとイメージして、目の前の一瞬の出来事に心を惑わされず長期的に考えること。それだけなのです。

僕は多くの業種や会社で、フリースケジュールは可能だとは思っています。

経営者や現場の長が本気にさえなれば、時間の差こそあれ自分たちなりの形が自然と作られていくはずです。

もちろんこうしたルールをいきなり導入することは難しいかもしれませんが、例えば、フリースケジュールはできないけれど、週に一度、出勤時間を自由にする曜日を作るとか、嫌いな作業を今すぐ禁止にはできないけれど、まずはアンケートだけ取ってみるといったことから始めるのもいいと思います。

働きやすい職場の実現のためになにかを始めてみることが重要です。

今となってはやめることがリスク

僕は自分が考えていること、会社で起きていることを正直にみんなに話しています。

フリースケジュールを始めて、人件費は下がったし効率も品質も上がりました。これはパート従業員みんなのおかげですし、感謝していますと伝えています。

今や、フリースケジュールは会社にとってなくてはならないものだと感じています。

もしみんながフリースケジュールをやめたいと言ったら、僕はとても困るでしょう。

「どうか続けさせてください」と面談で順番にお願いするかもしれません。

半分冗談のような話ですが、もし本当にそのような意見が出てきたときのことを真面目に答えますと、そのときはやはり、まずはみんなの話を聞くでしょう。

今日考えていることと、明日考えていることが変わってもいいのです。整合性みたいなものを気にしていると、なにもできなくなります。

この本の執筆をしている期間中もそうでしたが、この本を書いたあとにも、僕の考えはどんどん変わっていくでしょう。

今後、フリースケジュールよりも、もっといい案が出てくるかもしれませんし、僕の気づいていないフリースケジュールの欠点が出てくることもあるかもしれません。

そして、また一歩進むのだと思います。みんなで考えて出した結果は、どんなことであろうと前進に繋がると僕は捉えています。

働くことと生きること

生活のために働くとは言っても、働き始めたからには、どのように働くかということが、その人が幸せに生きていくうえで、重要なポイントになっていくのは言うまでもありません。

そのときに、会社が「フリースケジュール」や「嫌いな作業はやってはいけない」とい

工場で働くパートさんたち

うような、具体的なサポートを示すことで、従業員たちは仕事に対して真摯に取り組むことができ、それがたとえ単純作業の連続であったとしても、苦痛を感じずに働くことができると思うのです。

さらにその会社に、まっとうな理念や考え方があり、社会や環境に対して貢献してるのであれば、単純な作業の連続は、やりがいになり、生きがいになり、よりよく生きていくための糧となります。

それは働いている人にとって重要なことです。

経営者は、従業員が「私の会社はこんなことをしているんだよ」と胸をはって家族や友達に話せるような会社にしていく必要があります。それこそが経営者としての仕事の醍醐味かもしれません。権力を持ち、それを誇示することしか頭にない人は、きっと人生の最後には寂しい思いをするような気がしています。


エビの殻をむき続けるというのはなかなかきついものです。

周りから見ても、決してかっこいい仕事ではありません。

しかし、僕らはパプアニューギニアの人たちの自立と、対等なビジネスのパートナーとしての存続を目指すとともに、彼らが獲った天然エビを、まっとうな食べものとして販売し、それを未来に残していくという理念を持っています。

自分たち自身が食べたい、自分の子どもにも食べさせてあげたいと思えるような商品を作り続けたいと日々努力しています。

継続することにより、同じ意思を持った会社や人が繋がり、それはやがて社会をよい方向へと導くはずです。

そう思えたときに、ただエビの殻をむくという単純な作業に、それ以上の意味が生まれてきます。

今僕たちはこの働き方に、自分たちはもちろん社会や世界を変える可能性をも感じています。

エビの殻をむくという単純な作業が世界を変える。

ちょっと大げさかもしれませんが、これほどやりがいのある仕事もないのではないでしょうか。

よりよく生きていくために、僕らは一生懸命働く。

これが僕たちの『生きる職場』なのです。

おわりに

ほとんど見向きもされなかった僕らのフリースケジュールという働き方は、新聞への投書という、とてもアナログな方法と、それを読んだ、見ず知らずの方がツイッターで呟くという、現代のネット社会を象徴する方法が組み合わさって、とても面白い広がり方をしました。この意外な広がりは、僕にとって嬉しくもあり、同時にちょっと怖くもありました。誤解が生まれることを恐れたからです。

広がっていけばいくほど、批判的な意見も目にするようになりました。

この働き方を知った方たちが、自分の職場でフリースケジュールを導入することを想像し、「絶対に無理だ」「そんな働き方は嘘だ」というような感想を綴っていたのです。また、賛同していただいている方にも、自分たちにも応用できるような現実のものとして見てもらえず、普通の社会とはかけ離れた、特別な会社の出来事だと多くの方が感じていたようです。

新聞の投書というのは限られた文字数の中でしか文章を書けません。ですから、投書だけを読んだ方が勘違いしても、それは当たり前のことだと思うのです。この本一冊かけて話したい内容を、たった数百文字で表すのですから。

そんなわけで、僕は反応してくれた方々の質問や批判に答えるような形で文章を書き、それをツイッターやブログで発信することにしました。

そうしたやり取りをする中で感じたのは、批判的なことを書いていると僕が捉えていた人たちも、僕のことを怒っているというよりは、自分の職場環境に怒っているようだということでした。

こんな会社があるのに、今の自分の職場はなんなのだと。

多くの方は、一つ一つうちの会社の実情や、工夫をお伝えすることで納得してくださったように思います。こうしたネット上でのやり取りにアクセスが集中し、会社のホームページが閲覧できなくなることもあり、その関心の高さに驚きました。

このとき、僕はこの社会に生きる息苦しさを感じているのは、僕だけじゃないんだということに気がつきました。

僕たちが生きるこの社会では、常に経済が最優先にされ、右肩上がりの成長を求め続けられています。その中で、人を縛り争うことが常態化し、多くの人たちが疲弊し、この先にある未来に希望が持てなくなっているのではないでしょうか。

子育て、老後、職を失ったとき、病気をしたとき、いろんな場面を想像すると生きていくのが不安になりませんか。しかし今の社会ではその不安を払しょくするために、助け合うのではなく、相手を縛り、管理する。味方を作るのではなく、争い、相手を制する。そんなことで安定を図ろうとする矛盾が、僕たちの暮らしの中に蔓延しているように感じます。

そうした潜在的な不安があったからこそ、投書への爆発的な反応が僕たちのような小さなエビ工場に集まったのではないかと感じています。

最近、これから先なにをしたいですかとよく聞かれます。

そのときに僕が答えるのは、とにかくパプアニューギニア海産を継続したいということです。働きやすい職場のあり方を今後も追求し、みんなと気持ちよく仕事をしていきたいのです。さらに、パプアニューギニアのパートナーたちとともに、子どもたちの世代に、新鮮で安全で美味しい天然エビを残していきたいと思っています。

会社の規模を急速に大きくしたいということは考えていませんが、二重債務を含め、まだまだ返さなければならないお金がたくさんあります。会社を継続していくということは、そうした現実的な問題にも向き合っていくということです。

未来の展望となると、急に言葉が少なくなります。いいことを言おうとしすぎるのかもしれません。もちろん戦争のない社会とか、疑いのない社会とか、そういう世界が実現できたらいいと思っていますが、それだと少し急展開すぎるような気がします。

でも、もう少し身近なところで考えたら、例えば、いろんな立場であったり、悩みであったり、障害のある人たちが、仕事の現場から排除されずに、ともに生きていけるような社会にしたいと思っていますし、「フリースケジュール」や「嫌いなことはしてはいけない」といった方法が、会社における、その答えの一つになるような気がしています。

また、これは、これまで話してきたことと全く逆のように聞こえるかもしれませんが、本当は僕も笑顔が溢れる会社に憧れています。誰だって笑って気持ちよく働ければ、それがいいと思っています。

でも、はじめからそこを目指すと駄目なんだと思います。

きっと、信頼関係のうえに成り立った、働きやすい今の職場が長く続いたときに、もしかすると一本筋の通った、誰に強制されたものでもない本当の笑顔に溢れる、魅力のある会社になれるんじゃないかと思っています。

生きることや働くことが充実しているからこそ溢れ出てくるような、そんな人間くさい笑顔に僕は憧れているのです。

株式会社パプアニューギニア海産

大阪府茨木市宮島1-2-1
加工食品卸売場A棟909
TEL 072-634-9909
FAX 072-634-9910

パプアニューギニアの船凍・天然エビ一筋30年。

東日本大震災の津波で全壊したが、大阪で復興を目指している。

パプアニューギニアの大海原で生き抜いた、たくましい船凍・天然エビを原料に薬品・添加物を一切使わずに、手作業にこだわって、小さな工場ならではの安全で美味しい天然エビを届けている。エビそのもののほかに、エビフライ等の加工も行っており、こちらも添加物不使用。

こうした取組みは食の安全はもちろん、味と品質を重視する消費者に支持されている。

株式会社パプアニューギニア海産　http://pngebi.greenwebs.net/
販売サイト　http://pngebi.cart.fc2.com/

武藤北斗　むとうほくと

1975年福岡県生まれ。パプアニューギニア海産工場長。3児の父。小さな頃から引越しを繰り返し小学校は3校に通う。小学校4年から高校卒業までは東京暮らし。

芝浦工業大学金属工学科を卒業後、築地市場の荷受に就職しセリ人を目指す。夜中2時に出勤し12時間働く生活を2年半過ごす。

その後㈱パプアニューギニア海産に就職し、天然えびの世界にとびこむ。

2011年の東日本大震災で石巻にあった会社が津波により流され、その後に起こった福島第一原発事故の影響もあり1週間の自宅避難生活を経て大阪への移住を決意。震災による二重債務を抱えての再出発。

現在は大阪府茨木市の中央卸売市場内で会社の再建中。東日本大震災で「生きる」「死ぬ」「働く」「育てる」などを真剣に見つめ考えるようになり、「好きな日に働ける」「嫌いな作業はやる必要はない」など、固定概念に囚われず人が持ち得る可能性を引き出すことに挑戦している。

生きる職場

小さなエビ工場の人を縛らない働き方

二〇一七年四月二四日　第一刷発行

著者　武藤北斗
装画　狩集広洋
ブックデザイン　原田恵都子（Harada+Harada）
編集協力　岩崎眞美子
本文DTP　小林寛子
編集　高部哲男
発行人　木村健一
発行所　株式会社イースト・プレス
〒一〇一-〇〇五一　東京都千代田区神田神保町二-四-七　久月神田ビル
TEL 03-5213-4700　FAX 03-5213-4701
http://www.eastpress.co.jp/
印刷所　中央精版印刷株式会社

ISBN978-4-7816-1520-2

イースト・プレス人文書・ビジネス書
Twitter：@EastPress_Biz
Facebook：http://www.facebook.com/eastpress.biz